京都甜點之旅

A Travel in Kyoto
Pursuing Sweets

監修 甲斐みのり

前言

肚子裡的時鐘開始發出滴滴答答的聲音，告訴我下午三點即將到來。
放下手邊工作，泡杯茶或咖啡，準備點心。
這是十幾年前還住在京都時養成的習慣。
當時，我任職於一間員工只有兩個女生的出版社，
每天一到下午三點，我們就會喝喝茶、吃吃點心或麵包，休息一下。
吃著甜點或鹹食，聊聊生活上發生的各種事情。
對我們兩人而言，下午茶時間是一天之中小小放縱的奢侈，
今天吃了這個，明天不如去買那個吃吧，就像這樣，
不只是坐下來品嚐，先選擇隔天的點心再去購買的過程也令人期待。
日式點心店、西式點心店、日本料亭、麵包店、喫茶店、咖啡廳……

在上班前騎著腳踏車或搭公車就能到的範圍內，
從歷史超過百年的老店到最新開張的新店都有，
古都京都可以說是「俯拾皆名店」。
現在我雖生活在東京，一年還是會造訪京都幾回，
每次去的時候，佔據腦中的終究是各式各樣的點心。
以京都車站為起點，為了追求心目中的夢幻點心，不惜東南西北各處奔波。
點心的種類五花八門，有些還必須當天吃完才行。
能放比較多天的，我會買齊了帶回東京，當作平常享用的零嘴。
這本書收集了從我還住在京都的時代到現在，
最喜歡或印象最深刻的點心滋味。
希望大家也能跟著這本書走一趟京都，享受點心帶來的美好時刻。

京都點心之旅 目次

第 3 章　洛東點心

第 4 章　洛西點心

第 5 章　洛南點心

◆Kyoto Coffee & Tea

第1章

洛北點心

松屋藤兵衛

大德寺門前的京菓子老店。
無論大人小孩都是招牌「紫野松風」的死忠愛好者。

珠玉織姬 たま おり ひめ

靈感來自色彩繽紛的西陣織，口感柔軟的果乾零嘴。有生薑、柚子、梅子肉、肉桂、黑芝麻五種口味，不只最適合搭配日本茶，也是紅茶的好朋友。1 盒 2160 日圓。

福耳 ふく みみ

「紫野松風」的切邊，也是一上架就銷售一空的人氣商品。擁有切邊特有的香酥口感，最受小孩歡迎。1 包 430 日圓。

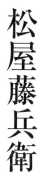

紫野松風　むらさき の まつかぜ

上門顧客有七成衝著它來，松屋藤兵衛招牌點心，深受全國各地茶道家喜愛。香氣高雅，口味甘甜，佐以大德寺納豆，帶出簡素樸實的滋味。保存期限約為四到五天。10 入 850 日圓起。

※P8-9 商品價格全部含稅

松屋藤兵衛

洛北名刹臨濟宗大德寺派大本山・德寺門前，有一間專賣茶會點心的「松屋藤兵衛」。創立於大約兩百五十年前的江戶時代後期。直到大正時期，京都御所都還在附近，因此也有進獻皇室專用的點心。

這間店最有名的點心，就是長久以來最受歡迎的「紫野松風」。「松風」是一種用麵粉和砂糖製作的樸實烘焙點心，特色是在麵團中添加白味噌，使其發酵。這種點心原本是織田信長攻打石山本願寺時想出的軍糧。「松風」在很多點心店都能看見，這裡的「紫野松風」最大的特徵是在麵團裡加入自家手工做的大德寺納豆，做出投茶道家與大德寺所好的蓬鬆口感。

表面撒上白芝麻的「紫野松風」口感Q彈，大德寺納豆的鹽味將甜味襯托得更加高雅。「製作時最注意的是保持口味的統一。」第九任店主前野恆治先生這麼說。為了保持口味的統一，每天都會視麵團的發酵狀況、天氣、溫度的不同來調節烘烤時間，提供持續不變的傳統美味。

此外，製作「紫野松風」時切下的切邊「福耳」也很有名。專程為了「福耳」上門的常客絡繹不絕。除了上述兩款點心外，以地方特產「西陣織」為靈感的果乾「珠玉織姬」，也很受女性顧客歡迎，推薦給大家。

松屋藤兵衛　まつやとうべえ

地址：京都市北区紫野雲林院町 28
電話：075-792-2850
營業時間：9：00 ～ 18：00
公休日：每週四
地圖：P186-B1

出町雙葉

就算要排隊還是想吃的美味。
招牌豆餅高雅的甜味與鹹味達成絕妙平衡。

紅豆泥田舍大福 つぶあん田舎大福

嚴選食材，每一顆都用心製作而成的大福。艾草香與紅豆泥搭配得天衣無縫。這是京都人平常愛吃的點心，也是家喻戶曉的長銷商品。1 顆 185 日圓。

水無月 みな月

除了最基本的白蒸糕「外郎」外，還有黑糖、抹茶、青大豆等，共四種口味。蒸糕上的紅豆甜度清爽不膩。也很建議四種都買來吃吃看。1 片 175 日圓起。

名代豆餅

以江州米製成的柔軟「羽二重餅」裡包著甜度偏低的紅豆沙，並搭配北海道產紅豌豆。高雅的鹹味令人上癮，是各個細節堅持完美的名品。1 顆 175 日圓，1 盒 5 顆 875 日圓。

※P12-13 商品價格全部含稅

創業於明治三十二年（西元一八九九）的和菓子老店。最為人所知的是招牌商品「名代豆餅」，即使大排長龍也忍不住排下去，就是這麼令人難以割捨的滋味。在柔軟又有彈力的羽二重餅裡揉入紅豌豆，外皮的鹹味與紅豆沙內餡的甜度搭配得天衣無縫。可以散裝零買，無論是要買給自己吃，還是買一盒當伴手禮都沒問題。大家最在意的排隊時間大約為二十到三十分鐘。總是笑容滿面，手腳俐落的工作人員服務態度很好，也是獲得好評的原因之一。

店內隨時供應十幾種生菓子[1]，依據季節更換，總數多達八十餘種，這種細緻入微的設想，正是老店才看得到的堅持。

除了常見的小饅頭、御萩餅之外，店裡也販售紅豆飯（赤飯）與麻糬，其中尤以季節和菓子最搶手。無論是春季香氣豐盈的櫻餅，或是秋季有著大顆丹波栗的賞心悅目栗餅，都是只有當季才買得到的限量商品，令人想專程前往。三種顏色的歌舞伎丸子和田舍大福等遵循傳統方式製作的點心不但好吃，經濟實惠的價格也是一大魅力。因為是生菓子，購買當天一定要吃完。不過，店舖附近的出町柳地區是賀茂川與高野川匯聚的地方，有很多觀光名勝，以觀光行程來說也是很吸引人的地區，不妨坐在川邊的長椅上，一邊悠閒欣賞景色，一邊享用點心，盡情享受這只在京都才能遇見的滋味吧。

1 生菓子：和菓子中水分含量較多，不耐久放的點心。

出町雙葉　でまちふたば

地址：京都市上京区出町通今出川上ル青龍町 236

電話：075-231-1658

營業時間：8：30 ～ 17：30

公休日：每週二、每月第四週三

（若遇國定假日則順延一天）

地圖：P187-D1

老松 北野店

守護自古以來的鄉土點心好滋味。
位於歷史悠久花街上的和菓子老鋪。

橙糖珠　だいとうじゅ

使用和歌山縣產的金桔，以十天時間放入蜜中醃漬，每天逐步提高少許糖度，再裝飾上以熱水融化砂糖並花長時間攪拌成的白色翻糖。6 顆裝 1295 日圓。另有 10 顆裝與 15 顆裝。

御所車

用質地比「落雁」[2]更軟的「白雪糕」包起炊過的鬆軟紅豆餡，再用長方形的的木頭模子壓出御所車[3]的圖案。高雅的滋味與洗練的外觀，很適合用來送禮。12 入 1296 日圓。

2 落雁：用米和糖做的點心，口感類似綠豆糕。
3 御所車：牛拉的轎子。

FRUITS & PARLOR CRICKET

深受地方民眾喜愛的四十年老店。可以吃得到完整水果美味的招牌果凍。

CRICKET 果凍（上圖）
クリケットゼリー

Q彈口感的果凍以盡可能減少吉利丁用量的方式製作，將果汁原味發揮到最大極限。吃的時候把頂蓋的果汁擠在鮮奶油上，同時享受水果香與酸酸甜甜的滋味。有葡萄柚、檸檬、柳橙三種口味。各650日圓。

※P16-17 商品價格全部含稅

和菓子店「老松」創業於明治四十一年（一九〇八），位於從北野天滿宮東門延伸而出的京都最老花街「上七軒」上。商品以襯托季節特色的茶點為中心，除了使用日本古來食材製作的傳統點心外，也不斷開發新商品。「夏柑糖」將純粹品種的夏季蜜柑果汁與寒天融合後，再次倒回果皮內，凝固為清涼果凍，是只有四月初到初夏才買得到的限定美味。

老松 北野店
おいまつ きたのてん

地址：京都市上京区北野上七軒
電話：075-463-3050
營業時間：8：30 ～ 18：00
公休日：不固定
地圖：P186-B2

FRUITS & PARLOR CRICKET

　位於金閣寺附近，受民眾愛戴超過四十年的「FRUITS & PARLOR」。不愧是京都中央市場青果大盤商開的店，店內使用新鮮水果製作的水果三明治和聖代等都是相當受歡迎的品項。

　不管是在店內食用還是外帶都很好，推薦旅行者可外帶回住宿飯店，或在搭乘新幹線時享用。

下午茶時間不妨在店內享用。

FRUITS & PARLOR CRICKET
フルーツパーラー クリケット

地址：京都市上京区平野八丁柳町
68-1 サニーハイム金閣寺 1F
電話：075-461-3000
營業時間：10：00 ～ 18：00
（L.O.17：30）
公休日：12/31，不固定
地圖：P186-B3

Castella do Paulo

完整重現道地葡萄牙風味。
與日式改良版做比較也很有趣。

葡式閃電泡芙 ドゥシェーズシュ

葡萄牙甜點店常見的泡芙點心。閃電泡芙外型的泡芙內挾著卡士達醬與鮮奶油，最上面以雞蛋麵線做裝飾，是傳統的葡式點心。1 個 250 日圓。

葡式蛋塔 パステル デ ナタ

在以葡式獨特折法折出的塔皮中注入特製奶油醬，如此烤出的葡式蛋塔是葡萄牙最受歡迎的點心。出爐後撒上糖粉與肉桂粉食用，也是葡式道地吃法。1 個 250 日圓。

Beira Litoral 地方的半熟蛋糕 ベイラリトラル地方のパォンデロー

在小型陶器裡直接鋪上烘焙紙烤出的半熟蛋糕。不只剛出爐時好吃，即使放涼口感依然綿密溼潤，適合用湯匙挖著吃。1 個 370 日圓（不含陶器，陶器另收 350 日圓）。

「希望十六世紀從葡萄牙傳來日本的蜂蜜蛋糕，在這裡經過獨家改良進化後能再次傳回葡萄牙。」抱著這樣的信念，智子・杜阿爾特小姐與在長崎學習製作蜂蜜蛋糕的先生保羅・杜阿爾特一起遠赴里斯本，在那裡開了屬於自己的一間店。後來，又因為「半熟蛋糕可說是蜂蜜蛋糕的原型，為了讓更多日本人認識半熟蛋糕與葡萄牙甜點的世界」的想法，於是兩人於平成二十七年（二〇一五）年四月回到日本，在北野天滿宮旁開了這間店，重新出發。

不只味道，更想將葡萄牙文化傳遞回日本，店內裝潢也呈現了完整的葡萄牙風貌，擺放當地製作甜點的工具和食譜書等等。

重現葡萄牙米紐地區等各地道地滋味的「半熟蛋糕」共有三種類，將原料直接放在陶器烤模或銅鍋中直接烤成。有入口柔滑溼潤的種類，也有入口紮實的種類，各自呈現不同口感與風味。店內還供應一款可一次嘗試長崎蜂蜜蛋糕與三種半熟蛋糕的「食文化比較體驗盤」（六百五十日圓），不妨點來品嚐看看，實際感受箇中不同滋味。

除了蜂蜜蛋糕，在泡芙外殼中塞滿卡士達醬的「葡式閃電泡芙」種類也很豐富。還有可當紅酒下酒菜的「雞肉派」及葡式可樂餅等，光是拿起菜單挑選就令人興奮雀躍不已。

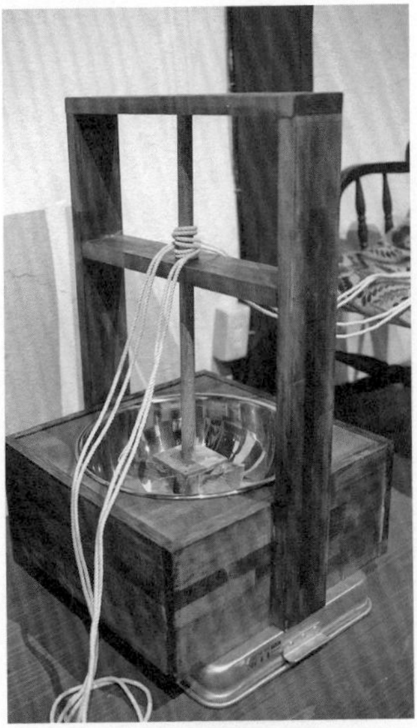

店長保羅・杜阿爾特與智子・杜阿爾特夫妻。

Castella do Paulo　カステラドパウロ

地址：京都市上京区御前通今小路上ル馬喰町 897 蔵 A

電話：075-748-0505

營業時間：9：30 ～ 18：00（飲料～ 17：00）

公休日：每週三、每月第三週四（若遇 25 日為週三或週三為國定假日時則順延一天）

地圖：P186-B4

一文字屋和輔（一和）

位於今宮神社參道上，創立於平安中期的茶店。白味噌風味鮮明的炙餅是參拜名產。

炙餅 阿ぶり餅

採用近江羽二重糯米等嚴選食材製成的炙餅。輕輕炙烤過的米餅香氣誘人，醇厚的淋醬甜味使人上癮。1 份（13 支）500 日圓。

粟餅所・澤屋

現搗現做的粟餅
搭配一杯熱茶就是幸福滋味

粟餅 あわもち

1 份 3 個（豆沙 2 個，黃豆粉 1 個）的「紅梅」450 日圓，一份 5 個（豆沙 3 個，黃豆粉 2 個）的「白梅」600 日圓。雖然外觀看起來份量十足，不可思議的是總能一口氣吃光。入口滋味豐富，美味得令人當場吃完之後還忍不住要外帶。

※P24-25 商品價格全部含稅

一文字屋和輔（一和）

位於今宮神社門前，創立於長保二年（西元一〇〇〇）的茶店。最有名也最受歡迎的「炙餅」，是古時京都疫病蔓延時吃的除厄餅，據說只要吃了它就不會染病。地方上舉辦祭典或參拜神社時也會吃。

剛搗好的麻糬沾滿黃豆粉，使用備長炭輕輕炙烤過後，淋上白味噌醬。「炙餅」有著樸實的風味，廣受各年齡層顧客歡迎。

一文字屋和輔（一和）
いちもんじやわすけ(いちわ)

地址：京都市北区紫野今宮町 69
電話：075-492-6852
營業時間：10：00 ～ 17：00
公休日：每週三（若遇 1 日、15 日及國定假日則順延一天）、12/16 ～ 31
地圖：P186-B5

粟餅所・澤屋

位於北野天滿宮對面，創設於天和二年（西元一六八二）的老店「粟餅所・澤屋」。粟餅是一種非常簡單樸素的日式點心，先將蒸熟的粟米放入臼中用杵搗過，再按照顧客要求撒上黃豆粉或裹上豆沙即可。粟餅都是在顧客購買後才現搗現做，因此一天必須搗上許多次。吃的時候麻糬裡殘留粟米顆粒的口感，很適合搭配不會過度甜膩的豆沙與芳香的黃豆粉。

粟餅所・澤屋　あわもちどころさわや

地址：京都市上京区北野天満宮前西入ル
紙屋川町 838-7

電話：075-461-4517

營業時間：9：00 ~ 17：00（售完即打烊）

公休日：每週四、每月 26 日

地圖：P186-B6

阿闍梨餅本舖 京菓子司 滿月

獨特口感令人一吃就愛上的「阿闍梨餅」是深受京都人喜愛的伴手禮

滿月

是店名也是商品名，從明治時代持續製作至今的知名甜點。宛如明月的外型優美動人，溫醇的白豆餡與入口即化的口感值得細細品嚐。總店只有週末與假日販售。1 個 270 日圓。

最中

只在秋季到春季（9/16 ～ 5/31）這段期間才能在總店看到這款精心製作的「最中」。使用大顆丹波大納言紅豆製作的紅豆餡，用特別訂製，香氣宜人的最中餅皮包起來。1 個 173 日圓。

阿闍梨餅

外型模仿阿闍梨所戴的斗笠，是一種半生菓子。紮實Q彈的外皮中包著滿滿紅豆餡，令人吃了心滿意足。保存期限為五天，加熱之後也很好吃。1個108日圓。

※P28-29 商品價格全部含稅

阿闍梨餅本舗 京菓子司 滿月

本舖位於百萬遍十字路口西側鞠小路通旁，是創立於安政三年（一八五六）年，深受京都人喜愛的京菓子舖。出身近江的第一代當家在出町橋附近開了第一間店舖，從此展開「滿月」的歷史。這裡製作的和菓子不僅深受朝廷貴族九條家的喜愛，也獲得眾多茶道家元、神社與寺廟的認同。

「滿月」製作的和菓子商品只有四種。秉持著「一種紅豆只用來製作一種點心」的座右銘，使用丹波等少量產地生產的少量品種紅豆，致力於提供高品質和菓子點心。其中最為人熟知的就是以比叡山延曆寺千日回峰苦行僧阿闍梨為名的招牌商品「阿闍梨餅」。「阿闍梨餅」的做法是在以糯米粉與獨家配方製成的獨門餅皮中，包入丹波大納言紅豆製成的紅豆顆粒餡。大正時代，和菓子內餡原本以綿柔的豆沙為主流，在第二代當家「希望做出一般人也能親近喜愛的和菓子」的想法下採用了顆粒餡，能同時吃到獨特的口感與高雅的紅豆滋味，深受京都人喜愛，如今更吸引了來自全國各地的愛好者。

另一項招牌商品是明治末期受九條家委託製作的「滿月」。蓬鬆隆起的西式外皮裡，包的是以罕見丹波白豆製成的白豆餡。這款融合了東洋與西洋特色的點心曾經停產，到了當代才再次復活。由於無法大量製作，只限於週末及例假日販售，許多常客都是專程為它而來。

莊嚴高雅的本舖內觀，店內人來人往，從教學旅行中的學生到地方上的常客都有。

阿闍梨餅本舗 京菓子司 滿月

あじゃりもちほんぽきょうがししまんげつ

地址：京都市左京区鞠小路通今出川上ル

電話：075-791-4121

營業時間：9：00 ～ 18：00

公休日：不定期休週三

地圖：P187-D2

美玉屋

柔軟的丸子配上黑糖與黃豆粉，形成絕妙風味。
招牌商品是超過半個世紀深獲顧客喜愛的「黑蜜丸子」。

黑蜜丸子 黒みつだんご

爽口的甜度與樸實的滋味，大人小孩都喜歡。回蒸兩次是丸子好吃的秘訣。保存期限為當天內。10 支 1080 日圓。

美多滿 みたま

與店名同音的白豆餡小饅頭。採用備中產的白豆[4]與手亡豆[5]製成的白豆餡，入口綿密，百吃不厭。1 個 156 日圓。

4 白豆：紅豆的一種，外觀為白色，產量較一般紅豆少，常用來製作和菓子內餡。
5 手亡豆：刀豆的一種，外觀為白色，顆粒比大福豆或金時豆小一些。

加茂御手洗茶屋

元祖御手洗丸子，以黑糖與醬油製成的醬料風味出眾，一串五小顆，是帶來好兆頭的絕品美味。

御手洗丸子
みたらし団子

淋上滿滿醬料，吃起來更加美味。偏小的丸子方便食用，造福女性顧客。3 串丸子與一杯茶的套餐 420 日圓。外帶最少需買 5 串。5 串 590 日圓。

磯卷

麻糬沾上甜甜鹹鹹的醬油，烤過後用海苔包起來的「磯卷」。喜歡花椒的人也可沾點花椒粉食用。醬油的焦香味與海苔的風味形成絕配，忍不住就吃完一盤了。4 個 620 日圓。

※P32-33 商品價格全部含稅

美玉屋

創業於昭和十五年（一九四〇）。只採用丹波大納言等嚴選食材製作和菓子，深受地方上的人們喜愛。招牌商品「黑蜜丸子」堪稱美玉屋的代名詞，是上一代老闆於戰後推出的產品，如今已成為全國知名的京都特產。採用以「胴搗粉碎」方式製造的糯米粉，蒸製為柔軟的小型丸子，沾上濃稠的黑糖蜜，撒上香氣四溢的黃豆粉，兩者絕妙地融合為一體，不管吃幾支都不會膩，依然一樣美味。

美玉屋　みたまや

地址：京都市左京区下鴨高木町西入ル下鴨東本町 18-1
電話：075-721-8740
營業時間：9：30 ～ 18：00（售完即打烊）
公休日：週二
地圖：P187-D3

加茂御手洗茶屋

加茂御手洗茶屋是御手洗丸子的發祥地。據說最初是模仿下鴨神社糺之森中御手洗池湧出的泡沫造型。

一串五顆丸子象徵「五體」，原來是用來供奉神明的供品。淋上鹹甜醬料販售之後大受歡迎，為了一嚐融合醬油香氣與黑糖甜味的御手洗丸子，不但有不少人特地從遠方造訪，甚至成為常客。

加茂御手洗茶屋　かもみたらしちゃや

地址：京都市左京区下鴨松ノ木町 53
電話：075-791-1652
營業時間：9：30 ～ 19：00（L.O.18:30）
公休日：週四
※每個月會有一週休週三與週四。
地圖：P187-D4

CIRCUS COFFEE

使用以遠火操控大火烘焙的小型3公斤烘豆機焙煎咖啡豆。獨家特調配方豆為「賀茂川特調」、「CIRCUS特調」、「摩卡特調」、「7★9特調」、「咖啡師特調」與「季節特調」六種。100公克600日圓。

以百年町家老屋改裝而成的精品咖啡專賣店。店主曾在咖啡烘焙工廠從事研究開發，也曾在咖啡店工作過，最後取得咖啡調配師與生豆鑑定師的執照，開了這間店，引進世界各地的精品咖啡豆。

咖啡豆皆選擇以高品質方式栽培的咖啡農園生豆，為了徹底發揮每一款咖啡豆的特性並保持鮮度，一次只烘焙少量。獨家特調配方豆的命名如「賀茂川」及音近本地地名「紫竹」的「七★九」等，展現了京都獨特的意趣。店內充滿焙煎過的咖啡豆香氣，除了咖啡豆外也陳列著店主夫人設計的可愛包裝袋與小雜貨。一邊聽著關於各種咖啡豆的小故事，一邊在店中找尋一款適合自己的咖啡豆吧。

CIRCUS COFEE
サーカスコーヒー

地址：京都市北区紫竹下緑町 32
電話：075-406-1920
營業時間：10：00 ～ 18：00
公休日：週日與國定假日
地圖：P186-B7

橋本珈琲

（圖説・上）
稍重烘焙，兼具苦味與酸味的「北大路特調」相當受歡迎。310 日圓（含稅）。

（圖説・下）
面向北大路通的明亮店內。

位於今宮神社鳥居前大路旁，玻璃店面內的烘豆機吸引路過行人的目光。曾於老牌咖啡專賣店工作過的橋本政信先生，與兩位昔日同事在這裡開了這間採用自家烘豆的咖啡店。

這裡使用手工揀選，品質優良的咖啡豆搭配出十款不同的原創特調口味，以實惠的價格取代試喝服務。不但受到當地居民喜愛，也吸引了許多來自遠地的咖啡愛好者。

在技術純熟的咖啡職人精心沖泡的濾布式手沖咖啡中，最受歡迎的非「北大路特調」與「紫野特調」莫屬。亦可在店內搭配三明治等輕食或蛋糕、冰淇淋等甜點一起享用。

橋本珈琲　はしもと珈琲

地址：京都市北区紫野西野町 31-1
電話：075-494-2560
營業時間：9：00 ～ 18：00
公休日：全年無休
地圖：P186-B8

鴨川COFFEE

深焙口味的「鴨川家特調」1杯500日圓。下午茶時間不妨點個「檸檬風味紐約起士蛋糕」（470日圓）來搭配。甜點種類豐富，還有「蜂蜜蛋糕風豆乳蛋糕（佐鮮奶油）」或「巧克力蛋糕」、「舒芙蕾蛋糕捲」等。

坐在寬敞明亮的店內，除了可以品嘗到深焙咖啡「鴨川家咖啡」、或中焙咖啡「巴西・桑托斯」等在高雅的醇味與苦味中取得完美平衡的種類，也有「牛奶咖啡（咖啡歐蕾）」可供選擇。不論哪一種，都能品嚐得到自家烘焙咖啡豆的滋味。

店內也供應餐點。除了每日午餐和每日咖哩等套餐外，還有漢堡排套餐或牛肉燴飯套餐等適合晚餐食用的餐點，品項眾多，種類豐富。甜點有巧克力蛋糕、檸檬風味紐約起士蛋糕、聖代等等。無論哪個時段來店，都可從眾多餐點中自由選擇當下想吃的東西。

鴨川 COFFEE かもがわカフェ

地址：京都市上京区三本木通荒神口下ル生洲町 229-1
電話：075-211-4757
營業時間：12：00 ～ 23：00（L.O.22：30）
公休日：週四
地圖：P188-E1

MEMO

第2章 洛中點心

綿羊甜甜圈

Q彈又鬆軟的口感非常美味。
原本是麵包師父的店主仔細親手現炸甜甜圈。

地瓜與黑芝麻
さつまいもと黒ごま

用發芽糙米粉揉成的麵團包起熬煮至口感綿柔的地瓜塊，表層滿滿的黑芝麻則來自芝麻專賣店「深掘」。一款日式風味的甜甜圈。1 個 205 日圓。

奶油起士與蔗糖
クリームチーズときび砂糖

麵團中加入天然酵母的人氣商品。奶油起士的酸味與沖繩產蔗糖的風味形成絕配。另外附上砂糖，可以享受另一種新鮮口味。1 個 205 日圓。

hohoemi 法式脆片
hohoemi ラスク

從「hohoemi」時代便已博得許多愛好者。據説使用的麵包是專程為了製作這款法式脆片而烤的。焦糖口味大人小孩都喜歡。1 包 399 日圓。

原味甜甜圈 プレーン

使用天然酵母麵團製作的簡單口味。可以從肉桂、黃豆粉、和三盆糖和楓糖等四種口味糖粉中任選一種撒在上面。（圖中撒上的是和三盆糖）。1 個 183 日圓。

※P44-45 商品價格全部含稅

近年廣受矚目的御所南・夷川通一帶，是一個能同時感受古樸與新意的地區。原任職於荒神口人氣麵包店「hohoemi」的下村高浩先生，將製作麵包的技術發揮在手工甜甜圈上，在這條路上開設了這間「綿羊甜甜圈」，吸引了廣泛年齡層的甜食愛好者，店內常客從年輕女性到年長者都有。

在自然風格的店內，從櫃台內與顧客面對面販售的甜甜圈使用兩種基礎麵團，一種是經過長時間的低溫發酵，能夠引出澱粉甜味的蓬鬆天然酵母麵團，一種是以打造「日式甜甜圈」為目標而使用減農藥發芽糙米粉製成，口感Q彈的米麵團。以這兩種麵團為基礎，發展出包括受歡迎的「奶油起士蔗糖」和「巧克力」等十七種口味的花式甜甜圈。

適度的甜度與溫和的滋味頗受好評，隨時都能買到剛炸好起鍋的甜甜圈也是令人開心的一點。為了讓顧客買回家後過一段時間仍能吃到新鮮美味，更發揮巧思另外附上糖粉。

天然酵母使用的是魯邦（Levain）種或葡萄乾種，麵團仍可能受到溫度與濕度等環境變化的影響。下村先生說：「光是改變炸油，食譜配方就會跟著改變。」像這樣每天微調食譜與配方，致力於製作更美味的甜甜圈。為了因應眾多顧客「想在店內食用」的要求，於平成二十七年（二〇一五）年店舖重新改裝，值得期待今後的面貌。

綿羊甜甜圈 ひつじドーナツ

地址：京都市中京区富小路夷川上ル大炊町 355-1 1F
電話：075-221-6534
營業時間：11：00 ～ 18：00
公休日：週日、週一、週二
地圖：P189-E2

紫野和久傳 堺町店

值得細細品嚐的各種點心。適合用來做為季節贈禮。

振出[6] ふりだし

大小約可握在手心的葫蘆型容器，裡面裝著用和三盆做的金平糖。輕輕搖出幾顆含在口中，或享受喀啦喀啦咬碎的口感。淡淡的溫柔甜味令人心情平靜。陶器裝 50 公克 3024 日圓。

6 振出：日文中「搖出」的意思。

紅豆 あづき

使用京丹後地區傳承超過百年的久美濱紅豆所製作的點心。在口中咀嚼得愈久，紅豆原有的天然滋味愈會擴散口中。輕薄圓扁的造型高雅出眾。1 包 3 片裝 X7 包 1836 日圓。

蓮藕菓子 西湖 れんこん菓子せいこ

蓮藕製成的點心，命名取自蓮花盛開宛如淨土的美麗湖泊「西湖」。溫潤的口感與高雅的滋味令人一旦吃過便念念不忘。紙盒 3 條裝 810 日圓，5 條裝 1350 日圓，10 條裝 2700 日圓。

※P48-49 商品價格全部含稅

紫野和久傳 堺町店

「和久傳」最早是明治三年（一八七〇）創立於丹後的旅館，後來遷移至現在的高台寺。除了料亭之外，也經營贈客伴手禮專賣店及甜食店、蕎麥麵店等，創造出許多別的地方吃不到的嶄新美味。贈客伴手禮專賣店「紫野和久傳」堺町店距離御所、鴨川和岡崎等京都名勝皆不遠。一方面位於城市交通方便之地，一方面坐擁氣氛靜謐優雅的傳統京町建築，來到這裡也能享受到來自總店的原汁原味待客之道。

除了必買的點心與調味料，也有「柚子巧克力」、「京野菜鍋」等季節限定商品和「烤鴨肉」、「鱉凍」等料亭美味可供選購，商品種類五花八門。其中尤以自開店以來便深受喜愛的「蓮藕果子西湖」最為出名，是該店的招牌商品，可品嚐到來自蓮藕澱粉成分的滑溜口感與溫潤滋味，和三盆糖高雅的甜味也是一大特徵。

「若包成粽子形狀，內容物容易變硬，所以在竹葉的包捲方式上，下了很大的工夫，研究出現在這種包法。由於必須依靠人工判斷微調，是機器無論如何辦不到的細緻工夫，因此到現在還是維持手工製作的方式。」店長小橋先生這麼說。清雅的竹葉香在心頭縈繞不去。

此外，還有使用擁有百年以上製造歷史的久美濱紅豆，不添加鹽或砂糖依然滋味層次豐富的點心「紅豆」，以及從葫蘆型糖罐中搖出來吃的金平糖「振出」等兼具外觀與內涵的美味點心。

由傳統町屋改裝而成，簡潔優美的店舖內觀。

紫野和久傳 堺町店

むらさきのわくでんさかいまちてん

地址：京都市中京区堺町通御池下ル東側

電話：075-223-3600

營業時間：一樓贈客伴手禮專賣店

10：30 ～ 19：30

公休日：全年無休

地圖：P189-E3

UCHU wagashi FUKIYOSE 寺町店

為傳統和菓子注入一股新潮流。廣受各年齡層支持的話題商店。

fukiyose フキヨセ

色彩繽紛的和菓子綜合包裝。其中包括4個「落雁」、1個「琥珀糖」和6種顏色的「金平糖」，教人愛不釋手，不禁猶豫起該從哪個開始吃才好。包裝設計也很出眾！ 970日圓。

animal アニマル

光看就令人心滿意足的動物造型和菓子。可從刺蝟、河馬、海獅、大象、豬和馬等八種造型中任選六種。口味則有可可亞和香草兩種。6個650日圓。

drawing ドローイング

以粉紅、水藍、淡綠、淺黃、粉紫與白色等柔和色彩構成，感覺新穎的和三盆糖。如拼圖一般的組合方式，可自行拼裝出屬於自己獨一無二的一盒，同時享受和菓子的美味。20 個裝 650 日圓。

※P52-53 商品價格全部含稅

UCHU wagashi FUKIYOSE 寺町店

使用傳統純日本糖與和三盆糖，為高雅洗練的傳統和菓子注入一股新潮流的和菓子店。連製造和菓子時使用的木模都從頭設計，完成了一個又一個精緻的造型，廣受消費者好評。必買的人氣點心 drawing 以粉紅色、水藍色、淡綠色、淺黃色、粉紫與白色組成，形狀特殊又可愛，不只可以吃，還可以像拼圖一樣選擇不同形狀組合，享受畫圖般的新穎樂趣。

在「落雁」這款傳統和菓子上，一方面重視和三盆糖的風味及融化時的口感，一方面追求別處看不到的嶄新現代化設計，為消費者帶來「選擇的樂趣」。此外，連外盒包裝都能看出品牌對設計感的追求，展現深度的設計美感。先以視覺欣賞，再拿起來品嚐美味，充滿各種令人期待的要素！無論是當伴手禮送人或做為紀念日禮品都很適合，收到的人一定也會很開心。

一口大小，滋味溫和的落雁 ochobo 有著迷人的香味和清爽口感，搭配茉莉花茶或焙茶、抹茶時，更能襯托茶品的香氣。

除此之外，共有八種動物造型的可愛點心 animal，則是在三盆糖的基礎上添加可可亞及香草風味，活靈活現的動物們魅力十足。除了甜點之外還有週邊商品，很多人都會在購買甜點時順便帶上一條沿用包裝設計與圖案的原創手巾。

UCHU wagashi FUKIYOSE 寺町店

ウチュウワガシフキヨセてらまちてん

地址：京都市上京区寺町通丸太町上ル信富町 307

電話：075-754-8538

營業時間：10：00 ～ 18：00

公休日：週一（國定假日照常營業，順延一日公休）

地圖：P188-E4

倫敦屋

日西合璧的蜂蜜蛋糕小饅頭，懷念的好滋味。
京都人最熟悉的新京極土產代表。

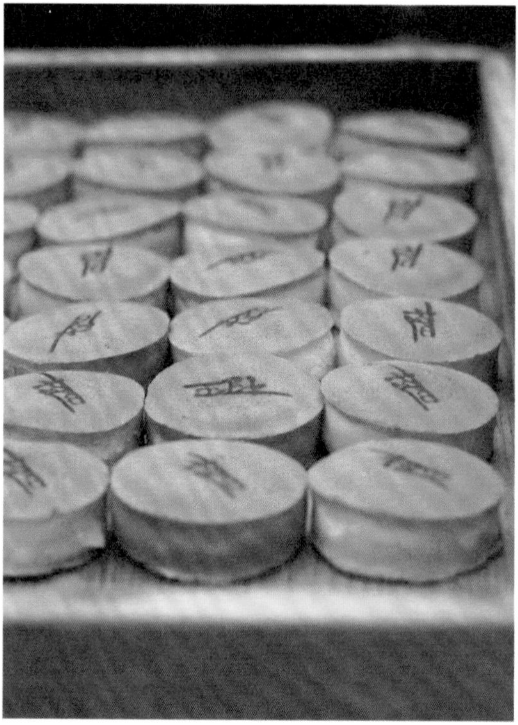

倫敦燒 ロンドン焼

倫敦屋的招牌也是唯一商品，一口大小的蜂蜜蛋糕小饅頭。蓬鬆的外皮與清爽的白豆餡堪稱絕配。炸過之後又可享受另一種不同風味。1 個 54 日圓。

Crochet京都本店

以傳統技藝手工製作，融合東西洋特色的京飴。多采多姿的美麗糖果香氣各異。

白絹手鞠
（圖說上・最前方）

以清爽的檸檬口味展現傳統京飴風味，是店內的招牌商品。由於只限京都總店販售，前往京都旅行時非買不可。各種京飴540日圓起。

※P56-57商品價格全部含稅

倫敦屋

新京極名產，京都人從以前就耳熟能詳的在地商品「倫敦燒」。創始於二次大戰剛結束時，第一代店主以蜂蜜蛋糕原料包裹白豆餡，烤成一口大小的小饅頭，從此成為暢銷商品。

使用國產麵粉、雞蛋和砂糖、蜂蜜以及北海道產的手亡豆等品質優良的食材精心製造而成。爽口的甜味清淡不過膩，令人百吃不厭，深受男女老少喜愛。

倫敦屋 ロンドンヤ

地址：京都市中京区新京極四条上ル中之町 565

電話：075-221-3248

營業時間：10：00 ～ 21：30（週五、週六、週日及國定假日、國定假日前一日營業至 22：00）

公休日：全年無休

地圖：P188-E5

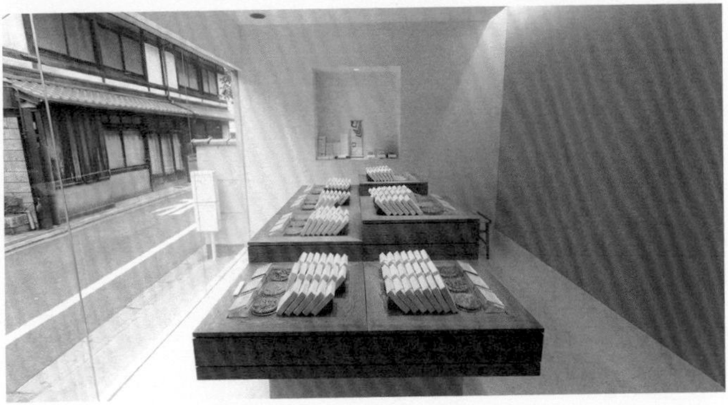

平成五年（二〇一三）成立的京飴專門店。秉持「希望能讓更多人熟悉京飴」的信念，設計出多種融合東西洋特色的商品，例如：從十二單[7]和服顏色中得到的靈感，或是以巴黎意象為設計主題的京飴商品，都大受歡迎。店內隨時提供大約三十種不同口味的各色京飴，一邊閱讀對各種商品的解說一邊選購，也是很有趣的體驗。所有商品皆可試吃，店內提供茶水的服務也令人欣喜。

7 十二單：日本公家女性傳統服飾中最正式的一種。

Crochet 京都本店

クロッシェ京都本店

地址：京都市下京区綾小路富小路東入塩屋町 69

電話：075-744-0840

營業時間：10：30 ～ 19：00

公休日：不固定

地圖：P189-E6

丸木製麵包所

從甜麵包到家常麵包，各種花式麵包擺滿櫃子。
讓人每天都想吃的懷念滋味。

栗子丹麥麵包
マロンデニッシュ

丹麥麵包裡包著滿滿的栗子奶油，最上面裝飾整顆栗子，極致享受的甜點麵包。下午三點的點心時間正好適合來上一個。1個165日圓。

火腿蛋麵包
ハムエッグ

感覺就像吃可頌麵包配火腿蛋，最適合當早餐吃的「火腿蛋麵包」。當初研發時肯定令人耳目一新。一個215日圓。

火腿麵包捲 ハムロール

只夾入火腿和高麗菜絲的麵包捲。簡單就是好吃的秘訣。店家會算準架上快賣完的時機再做一批上架，每天都要補充好幾次的「火腿麵包捲」。據說剛創立時的名稱是「海洋麵包捲」，因為當時夾的是魚肉火腿。一個 165 日圓。

※P60-61 商品價格全部含稅

昭和二十二年（一九四七）年開店至今，營業型態始終沒有改變的「丸木製麵包所」，是京都人打從內心喜愛的古早味麵包店。開在町家建築裡的店舖有著懷舊的玻璃櫃，站在櫃台裡面向外側招呼客人。麵包櫃中滿滿的麵包約有六十種，幾乎都誕生於昭和年代，和這間店一起走過數十年。麵包使用的火腿、馬鈴薯沙拉、紅豆餡、煉乳克林姆等等，都是跨越時代始終深受喜愛的食材。

店後方的廚房裡，有幾位頭上繫著三角巾，身穿圍裙的女性，正仔細的將餡料夾入剛出爐的麵包。每一個麵包都是如此用心製作，充滿對麵包的感情，一如往昔的麵包店。

在各式家常麵包中，最受歡迎的就是火腿麵包捲。將長條麵包捲切開，內側塗上美乃滋，夾進高麗菜絲與火腿，就是這麼單純的麵包。高麗菜絲清脆爽口，與帶有一絲甘甜的火腿鹹味搭配得天衣無縫，真是難以言喻的美味。只要吃過一次就會上癮，真想知道美味的秘訣是什麼。

忍不住問了店主木元廣司先生，他的回答是：「午餐時間做的速度跟不上客人買的速度，所以架上的永遠是新鮮剛出爐的麵包，這就是美味唯一的原因吧。」

從小孩到老人家，不分男女老幼，大家每天都想吃的麵包，就在這裡。

丸木製麵包所 まるき製パン所

地址：京都市下京区松原通堀川西入ル
電話：075-821-9683
營業時間：6：30～20：00（週日與國定假日營業時間為：7：00～14：00）
公休日：不固定
地圖：P189-E7

村上開新堂

傳遞明治時代高級文化的西洋點心專賣店。
歷史老店注入新味，更值得期待。

俄羅斯糕餅
ロシアケーキ

長年吸引許多愛好者的招牌商品。奶油香氣濃郁，口感紮實，外觀又很可愛。有葡萄乾、巧克力、糖漬杏桃等五種口味。1 片 180 日圓起。

寺町香草布丁
寺町バニラプリン

平成二十六年（2014）年推出，睽違三十五年的新商品。使用新鮮雞蛋與鮮奶油的高級享受。柔滑口感與高雅甜味引爆人氣。蠟繩與束口袋的包裝也深獲好評。1 個 460 日圓。

瑪德蓮（右側圖上）

特色是滿滿的杏仁香中帶有蜂蜜溫和的微甜。1 個 170 日圓。

達克瓦滋（右側圖下）

同樣是充滿杏仁香氣的甜點。內夾帶點苦味的焦糖奶油。1 個 190 日圓。

好事福盧　こうずぶくろ

第一代店主構思的節慶用點心，已登記註冊商標。使用完整紀州蜜柑製作，清爽的甘甜味深受廣泛世代喜愛。銷售期間為每年 11 月上旬至 3 月。1 個 470 日圓。

村上開新堂

在豐臣秀吉著手都市改造計畫時打造的寺町通上，至今仍保有許多歷史悠久的老店，整條街道散發一股靜謐沉穩的氛圍。位於其中一角復古西式建築裡的，就是京都最早的西洋點心專賣店「村上開新堂」。

「村上開新堂」創始於明治四十年（一九〇七），第一代店主村上清太郎氏向經營東京「村上開新堂」的伯父學習西洋點心的技術，回到村上家的出身地京都並創立了這間店。從此，京都「村上開新堂」在超過百年的歷史中，始終秉持傳統技法致力製作美味西洋點心，深受包括作家池波正太郎等諸多名人喜愛。

現在的店舗築於昭和初期，有著大理石柱與磁磚地板、曲線流暢美妙的展示櫃等，在在體現第一代店主的美學意識，也令人感受到店鋪的歷史與格調。

這裡的招牌商品有以兩層麵團花時間慢慢烤出的柔軟糕餅「俄羅斯糕餅」，以及挖空紀州蜜柑後放入以果汁製成之果凍的期間限定商品「好事福盧」等。除了這些從第一代店主時代銷售至今，廣受歡迎的傳統點心外，近年來更開發出「寺町香草布丁」、「達克瓦滋」等新商品，吸引來更廣泛年齡層的愛好者。第四代店主村上彰一先生說：「一方面想繼續傳遞代代相傳的點心美味，一方面想構思更多嶄新的商品。」從傳統老店中誕生的嶄新美味，今後也值得矚目。

第四代店主村上彰一先生

村上開新堂
むらかみかいしんどう

地址：京都市中京区寺町通二条上ル
電話：075-231-1058
營業時間：10：30 ～ 18：00
公休日：週日、國定假日、每月第三週一
地圖：P188-E8

INODA COFFEE 本店

附近老闆老爺們天天上門報到，京都最具代表性的咖啡專賣店。在這裡享用講究的德式蛋糕吧。

檸檬冰
レモンアイス

帶有檸檬風味的香草冰淇淋。爽口的滋味很受歡迎，聖代或漂浮咖啡裡也會使用這種冰淇淋。500日圓。

檸檬派 レモンパイ

以派皮、卡士達醬、檸檬口味海綿蛋糕與蛋白霜疊出四個層次的蛋糕，是店內蛋糕中最受顧客支持的一品。480日圓（蛋糕套餐950日圓）。

法式吐司 フレンチトースト

這裡的法式吐司特色，是在吐司麵包上塗抹蛋汁後先過一層油。甜度偏低，深受男性顧客好評。覺得肚子有點餓的時候不妨來上一客。560 日圓。

※P68-69 商品價格全部含稅

「喫茶文化」在京都根深蒂固，行之有年，到處都能看到風格獨具的老牌咖啡專賣店。在這些日文中稱為「喫茶店」的咖啡店中，最具有代表性的莫過於「INODA COFFEE」。這間咖啡店以京都市區為中心展開幾家分店，吸引了來自全國各地的愛好者。

第一代店主豬田七郎氏於昭和十五年（一九四〇）開始做進口咖啡豆的生意，七年後開了咖啡店。包括「阿拉伯的珍珠」特調在內，以自家烘豆沖煮再加入砂糖與牛奶後端上桌的咖啡，在京都受到不分世代的民眾喜愛。正如「京都的早晨就從 INODA 開始」這句文案，位於堺町通的 INODA COFFEE 本店一大早就能看到住在附近的老闆老爺們前來享用咖啡店早餐的身影。

說到「INODA」就不能不提那使用頂級食材製作的三明治等輕食，和店內提供的甜點一樣，素來享有很高的評價。店內供應多達十三種蛋糕，這些自豪的甜點從創業初始就由德式甜點專賣店「Ketel」製作提供，來到這裡就能享用以傳統製法做出的道地德式甜點，像是夾有清甜蓬鬆蛋白霜的「檸檬派」，就很受女性顧客歡迎。另外像是適合當作伴手禮的「檸檬冰」、加入手工自製寒天的「奶油蜜豆」等，都很值得推薦。店外設有露天咖啡座，店內裝潢散發古典氛圍。造訪京都時不妨到這裡來，在咖啡香的環繞下享受優雅的點心時光。

INODA COFFEE 本店

イノダコーヒ 本店

地址：京都市中京区堺町通三条下ル道祐町 140

電話：075-221-0507

營業時間：7：30～19：00（L.O.餐點三十分鐘前，飲料十五分鐘前）

公休日：全年無休

地圖：P189-E9

本家 月餅屋直正

烘烤點心的先驅。
江戶時代延續至今的月餅最為出名。

烤栗．十三里．月餅（圖中最前方起順時針方向）
やき栗・十三里・月餅

「烤栗」包的是栗子餡，「十三里」包的是地瓜餡，「月餅」包的是白豆餡。一口大小方便食用又美味，總是忍不住吃太多。1 個皆為 80 日圓。

蕨餅 わらび餅

以純正蕨粉製作，被譽為「比豆腐更柔軟」的蕨餅。裡面包的是口感柔滑的紅豆沙。外沾使用前一定重新炒香的黃豆粉，香氣四溢。3 個裝 650 日圓起。

今西軒

謹遵古早製法精心製造，店家自豪的萩餅。因為很容易賣完，欲購請早。

萩餅 おはぎ

今西軒的萩餅特色是米飯用量較少，可享用到滿滿的紅豆餡。不使用麥芽糖和食鹽，以爽口的甜味襯托出紅豆的風味。從照片最前方起順時針方向分別是「紅豆顆粒餡」、「紅豆沙餡」和「黃豆粉」口味。1 個皆為 190 日圓。

※P72-73 商品價格全部含稅

本家 月餅屋直正

創立於文化元年（一八○四），江戶後期的太平盛世，京都城中的茶道會盛行起製作點心的風氣。在第一代店主巧思下發明了堪稱烤箱前身的烘烤機器，並構思出以麵團包入紅豆餡烘烤的「月餅」，美味在當時大受好評。

從此之後，月餅屋直正便一直守護著這道「月餅」的美味至今，更陸續推出「烤栗」等新產品，令嗜吃甜食的人讚不絕口。

本家 月餅屋直正
ほんけつきもちやなおまさ

地址：京都市中京区木屋町三条上ル大阪町 530-1
電話：075-231-0175
營業時間：10：00 ～ 19：00
公休日：週四、每月第三週三
地圖：P188-E10

今西軒

明治三十（一八九七）年創業的萩餅專賣店。有一段時期曾經歇業，後於平成十四年時由第四代店主今西正藏先生重新開業，守護從上一代店主（正藏先生的祖父）手中繼承的傳統滋味。使用十勝產紅豆、近江產羽二重餅等精心挑選的食材，手工製造的萩餅有三種口味，分別是「紅豆顆粒餡」、「紅豆沙餡」和「黃豆粉」。發揮紅豆天然風味的清爽甜度很受歡迎，店門口往往一大早就大排長龍。

經常不到中午就銷售一空的萩餅。紅豆沙餡從熬煮紅豆開始製作。

今西軒 いまにしけん

地址：京都市中京区烏丸五条西入ル一筋目下ル横諏訪町312

電話：075-351-5825

營業時間：9：30～售完為止

※入彼岸日～中日以及盂蘭盆節的營業時間各為8：00～（以春分及秋分為基準，前後各取三天，為期一週的「彼岸」是日本人掃墓的時期。第一天稱為「入彼岸日」，春分、秋分稱為「中日」）

公休日：週二，每月第一、三、五週一※彼岸七日與盂蘭盆節三日皆正常營業。

地圖：P189-E11

Le Petitmec OMAKE

份量十足，單純又實在的美味。來自知名麵包坊的樸實麵包。

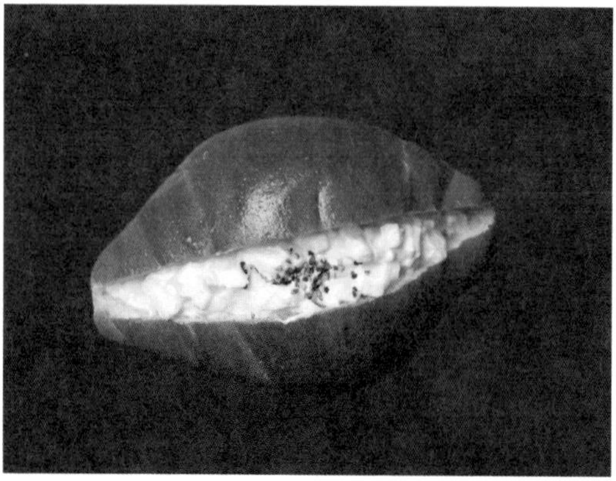

蛋沙拉麵包 たまごサラダパン

混合水煮蛋與美乃滋，夾入麵包捲內，大眾口味的家常麵包。黑胡椒的風味形成良好的提味。1 個 150 日圓。

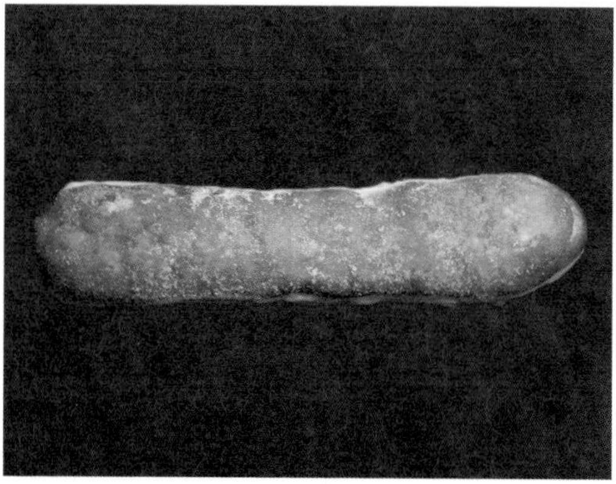

炸麵包 揚げパン

將蓬鬆柔軟的長條麵包炸得香酥，撒上砂糖黃豆粉，質樸美味的麵包。令人讚嘆原來長條麵包還能創造出這樣的好滋味。1 個 100 日圓。

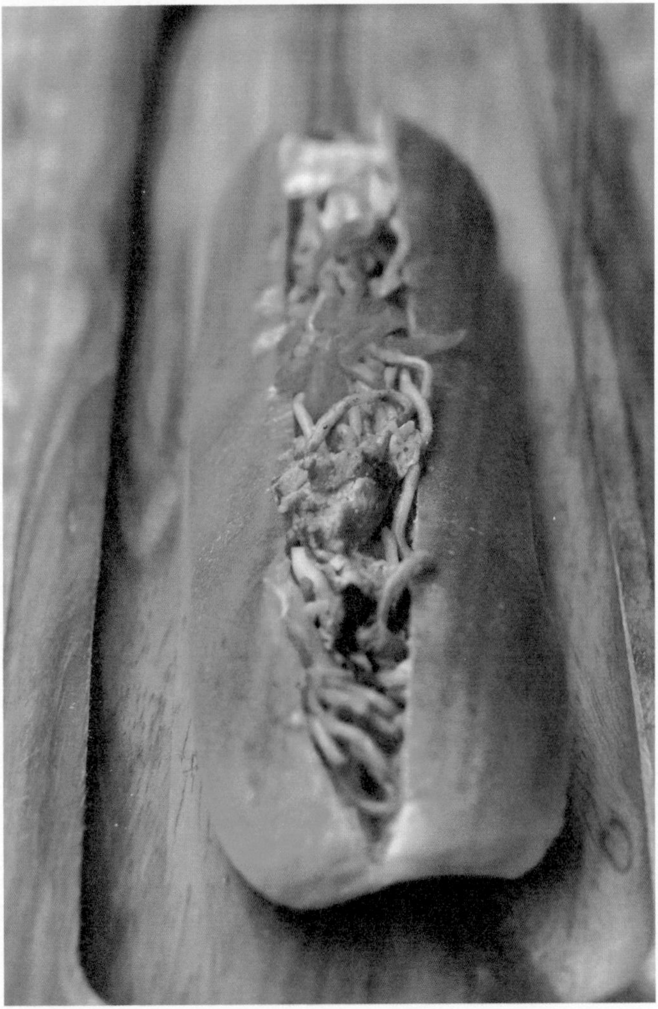

炒麵麵包 焼きそばパン

使用兩種炒麵醬汁，麵條是偏細的中華麵，加入比例絕佳的豬肉及高麗菜。炒麵麵包是最常見的家常麵包，也很受上班族歡迎。1 個 180 日圓。

京都擁有日本全國數一數二的麵包消費量，在眾多麵包店中受歡迎程度居高不下的麵包店「Le Petitmec」於平成十年（1998）年在今出川通上創立了第一號店，其後更陸續開設了幾間頗具特色的名店。這樣的「Le Petitmec」於平成二十七年（二〇一五）四月設立了這間「Le Petitmec OMAKE」。

店鋪立於商家眾多的和服店街一隅，店內同時設有以整面玻璃隔開的中央廚房。小小的店內除了招牌法國麵包與可頌外，主力商品是使用古早味長條麵包製作的復古懷舊家常麵包和甜點麵包。與 Le Petitmec 原本的法式風格大相逕庭，反而給人一種新鮮感。

「想賣讓附近居民每天都能吃得開心的東西。」店主西山逸成先生這麼說。長條麵包使用傳統麵團加入蜂蜜烤成，配料用的是動物性鮮奶油及義大利產巧克力等高級原料。麵包皆為手工製作，包括受歡迎的「炒麵麵包」、「拿坡里麵包」、「煉乳萊姆葡萄乾」等，都是維持大眾口味，追求簡單美味的平民麵包。

份量十足，令人吃了心滿意足的麵包們也深獲附近上班族、老人家及家庭主婦的好評。另外推薦以布里歐麵包為基礎的「冰奶油麵包」，很多人會一次買一大包回家當點心。

小小店面裡販售麵包高
達四十多種。往內走可
看見中央廚房裡正在烘
烤麵包的情形。

Le Petitmec OMAKE

ル・プチメック オマケ

地址：京都市中京区池須町418-1キョーワビル1F

電話：075-255-1187

營業時間：9：00～19：00

公休日：不固定

URL：lepetitmec.com

地圖：P189-E12

梅園 CAFE & GALLAERY

融合新舊甜點的知名老店姊妹店。在附設藝廊的店內邂逅嶄新甜點。

御手洗丸子 みたらし団子

「梅園」知名點心「御手洗丸子」，長方形的丸子上淋著滿滿的醬料。丸子皆在店內烤熱後才淋上醬料。1 袋 5 支裝 390 日圓，10 支裝 780 日圓。

蕨餅 わらび餅

外帶用的「蕨餅」有黑糖和抹茶兩種口味。令人開心的是亦可購買一盒中有兩種口味的蕨餅。無論哪一種都是 1 盒 15 個 980 日圓。冷藏可保存三天。

抹茶鬆餅 抹茶のホットケーキ

「抹茶鬆餅」使用了滿滿的京都宇治產抹茶。930 日圓。份量十足，很多人肚子餓時便會點一份來吃。附飲料的鬆餅套餐是 1330 日圓。

※P80-81 商品價格全部含稅

創立於昭和二年（一九二七）年的「梅園」是一間歷史悠久的老牌甜點店。店內販售的「御手洗丸子」與完全不使用添加物的「善哉紅豆湯」都是「梅園」的知名商品。「梅園CAFE & GALLAERY」是「梅園」的姊妹店，成立於平成二十二年（二〇一〇），位於商業街四條烏丸不遠處的蛸藥師通上。一如店名所示，店內併設有藝廊，展出內容以日本國內作者創作的食器等雜貨為主。二樓藝廊空間也會不定期邀請具有話題的創作者，舉行各種企劃活動。

店舖由附有庭院的町屋改裝而成。除了可在店內品嚐到得梅園總店真傳的「御手洗團子」和「蕨餅」，也可吃到「梅園 CAFE & GALLAERY」原創的嶄新甜點。可同時享受新舊不同風味的甜點，這點深獲好評。其中最受喜愛的莫過於點餐後才現煎的「抹茶鬆餅」，不少人因為它而成為常客。鬆餅麵團毫不吝惜加入大量抹茶，既可嚐到濃厚的抹茶味，適度Q彈的蓬鬆口感也是一大特色。即使不用刀叉，只用筷子也能輕易撥開，綿密的質地彷彿入口即化。搭配隨鬆餅一起送上的自製黑糖奶油及紅豆泥，又是另一種絕配。

來自梅園總店的長方形「御手洗丸子」、柔軟美味的「蕨餅」、「白玉餡蜜」等甜點皆可外帶，無論是買來當伴手禮或帶回下榻飯店吃都很適合。

藝廊裡的展示空間，陳列著知名作者創作的美麗食器。

梅園 CAFE & GALLAERY
うめぞの カフェ ギャラリー

地址：京都市中京区不動町 180
電話：075-241-0577
營業時間：11：30 ～ 19：00
公休日：全年無休
地圖：P189-E13

先斗町駿河屋

發揮食材原味特色的懷舊和菓子。千鳥造型的和菓子色彩繽紛，深受年輕女性喜愛。

千鳥燒 ちどり焼き

包了滿滿大顆丹波大納言紅豆餡的「千鳥燒」。值得一提的是以白味噌與紅味噌增添風味的做法。綿軟有彈性的口感令人一吃就上癮。1 個 259 日圓。

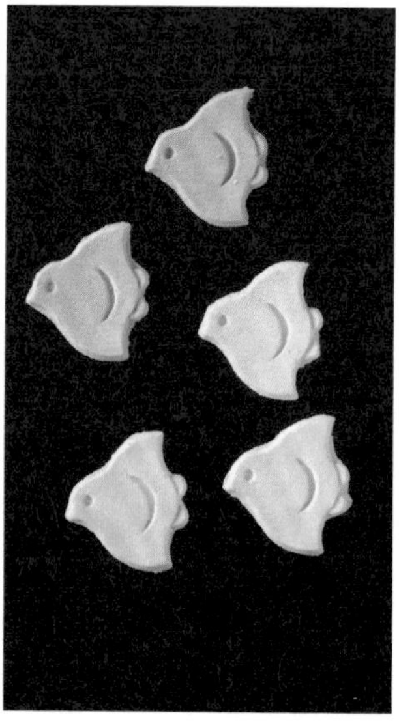

和三盆千鳥
和三盆ちどり

供應給先斗町茶屋的高雅和菓子。只要嚐一口，和三盆糖雅緻大方的溫厚滋味便在口中擴散。10 個裝 960 日圓，5 個裝 465 日圓。

先斗町最中 ぽんとちょうもなか

「最中」餅裡包的也是用丹波大納言紅豆作成的顆粒餡。包裝盒上的插畫是店主請插畫家友人中川學先生特地繪製。1 個 205 日圓，1 盒 6 入 1450 日圓起。

※P84-85 商品價格全部含稅

明治時代，「先斗町駿河屋」於鴨川旁的花柳街「先斗町」開張，現在的店主橋本和生已經是第四代了。

夏天有水羊羹「竹露」，秋天有栗子羊羹「里志雨」等充分體現季節感受的和菓子。除此之外，如今已成京都代表和菓子之一的「一口蕨」等，「先斗町駿河屋」致力於製作發揮食材天然原味的和菓子。比方說知名的「一口蕨」，就是以寶貴的正蕨粉揉製麵團，包入柔滑的豆沙餡，作成小巧的蕨餅，最適合用來當作茶點或伴手禮。

「無論是炊煮、搓揉豆餡，還是揉製外皮麵團，直到現在所有點心的製作過程仍完全維持手工。既不追求做出特別不一樣的東西，也不多加不需要的材料，重視的是將古早美味傳承下來。」店主橋本先生這麼說。

在這樣歷史悠久的和菓子老店商品中，最受先斗町藝伎舞伎等年輕女性好評的，便是以代表先斗町的「千鳥」圖案為藍本製作的可愛和菓子。有滿含和三盆糖高雅甜味的「和三盆千鳥」，也有千鳥造型的「先斗町最中」，選擇眾多。

烙上千鳥印記的「千鳥燒」在麵團中加入米粉與味噌，烤出Q彈口感的外皮，再包入丹波大納言紅豆顆粒餡，清雅適中的甜度中飄散一股味噌香氣，是最吸引人的一點。也很適合搭配咖啡或紅茶。

先斗町駿河屋　ぽんとちょうするがや

地址：京都市中京区先斗町三条下ル
電話：075-221-5210
營業時間：10：00 ～ 18：00
公休日：週二
地圖：P188-E14

麩嘉

深受明治天皇喜愛，
口感滑溜的美味麩饅頭。

麩饅頭　麩まんじゅう

入口滑溜，口感柔軟，滋味清爽的麩饅頭，如今已是京都伴手禮的代表之一。在麩嘉錦店或市區內的百貨公司都可買到。若欲於麩嘉總店購買，須事前電話預約。1個210日圓。

天狗堂海野製麵包所

秉持價格實惠，美味安全為原則。堅守超過九十年的元祖手工高級麵包。

天狗堂麵包捲
天狗堂ロール

招牌商品。以發酵奶油和鹹味麵團做成的簡單好滋味。奶油風味愈嚼愈香，吃完後濃郁的奶油味仍在口中久久不散，襯托出芬芳的麥香。1個110日圓。

蜂蜜蛋糕麵包
カステラパン

只使用麵粉、雞蛋和砂糖、奶油製成的樸素美味「蜂蜜蛋糕麵包」。不是鬆軟口感的麵包，吃起來就像蜂蜜蛋糕口味的餅乾一般酥脆。5片裝440日圓。

奶油螺旋
ホワイトホーン

秋冬（十月下旬至四月上旬）限定商品，是大人也迫不及待想品嚐的暢銷麵包。螺旋麵包裡鑲滿白色鮮奶油，奶油裡飽含以萊姆酒整整釀製一個月的葡萄乾。1個150日圓。

麩嘉

創業於江戶時代中期的「麩嘉」，是京都料理及精進料理[8]中不可或缺的食材「京生麩」的專賣店。麩嘉的知名點心「麩饅頭」是一種以揉入青海苔的生麩包裹紅豆沙，再用竹葉捲起的點心。「據說作法來自嗜食生麩的明治天皇創意。」小老闆小堀周一郎先生這麼說。為了讓麩饅頭維持在最美味的狀態出售，每天只做訂單上的數量，並且全部手工製作。

8 精進料理：日本的僧侶料理，簡單來說就是素食。

為了製作生麩時必備的美味水源而將店舖開設於此處，使用滋野井湧出的水。情調迷人的店舖內外觀同時也展現了京都之美。

麩嘉 ふうか

地址：京都市上京区西洞院堪木町上ル東裏辻町 413
電話：075-231-1584
營業時間：9：00 ～ 17：00
公休日：週一，每月最後一週日
地圖：P189-E15

大正十一年（一九二二）創業後，始終維持相同經營方式，站在擺滿麵包的對外玻璃櫃後方，與上門的顧客面對面交流，重視與顧客間的溝通。除了古早味紅豆麵包和克林姆麵包外，也不時推出培根麥穗麵包、披薩麵包等新口味。店主海野滋先生說：「認真做的麵包就是最好的麵包。」完全不使用添加物，花費時間手工精心製作滋味豐富，便宜又好吃的麵包。

天狗堂海野製麵包所
てんぐどううみのせいパンじょ

地址：京都市中京区壬生中川町 9
電話：075-841-9883
營業時間：7：00 ～ 20：00
公休日：週日（國定假日照常營業）
地圖：P186-C1

大極殿本舖六角店甘味處 栖園

繼承長崎名店美味的京都蜂蜜蛋糕界領頭羊。

蕾絲羊羹
レースかん

大正時代發明的和菓子，凝入切片檸檬的造型令人印象深刻。製作透明羊羹的食材中加入檸檬液，美麗的檸檬切片配置於適合的位置。檸檬味酸甜清爽，是夏季限定商品。1條1296日圓。

大極殿

與店名相同的烘烤甜點「大極殿」，造型靈感取自平安神宮拜殿「大極殿」的屋瓦。內餡是白豆餡，有著古早味甜點那令人懷念的適度甜味，平易近人，做為日常點心大受好評。1個108日圓。

春庭良 カステイラ

遵循古早製法製作，呈現昔日原味的蜂蜜蛋糕。溼潤紮實的質地，適度溫和的甜度接受度極高，正因使用的是嚴選食材，所以才能讓人享用到如此美味。半條 594 日圓，整條 1188 日圓。

※P92-93 商品價格全部含稅

大極殿本舖六角店甘味處 栖園

明治十八年（一八八五）創立的和菓子店。最早的店名叫做「山城屋」，到了第三代店主時，其創作的和菓子「大極殿」大受歡迎，店名也在不知不覺中被稱為「大極殿」，就這麼延用至今。

該店著名的蜂蜜蛋糕名稱以漢字寫作「春庭良」[9]，蜂蜜蛋糕師傅遵循昔日珍貴古法手工製作，一次只能做兩片（指蜂蜜蛋糕切成條狀前的大塊片狀）。溼潤紮實的口感與適中的甜度是這款著名商品最大的特徵。此外，使用日本首次生產的國產電鍋製作，也是「春庭良」廣為人知的特色。

包裝紙是大正時代所使用的包裝紙復刻版，有著懷舊字體與配色，充滿現代設計難以模仿的特色，不少人吃完蛋糕後都會將包裝紙保存下來。除了「春庭良」之外，包入白豆餡的知名點心「大極殿」、以鮮明黃色令人留下深刻印象並感受到師傅特殊功力的「蕾絲羊羹」都是素有好評的甜點。用蜂蜜蛋糕包起求肥[10]，夏天必買必吃的「若鮎」等季節限定商品也很值得推薦。只在祇園祭期間（七月）販售，以蜂蜜蛋糕包起求肥餅的「吉兆鮎」或「調布」等商品也不容錯過。

另外，鄰接大極殿本舖六角店的「甘味處 栖園」，每年四到十二月可以吃到限定商品，以寒天製作的甜點「琥珀流」，這裡的紅豆湯也很美味。

9 春庭良：春庭良的發音同日語中的蜂蜜蛋糕「カステラ」。
10 求肥：和菓子原料的一種，在糯米粉中加入砂糖與麥芽糖揉成。

可在店內附設茶房「栖園」品嚐紅豆湯等甜食。

大極殿本舗六角店甘味處 栖園

だいごくでんほんぽろっかくみせかんみどころせいえん

地址：京都市中京区六角通高倉東入ル堀之上町 120

電話：075-221-3311

營業時間：10：00 ～ 17：00

（店頭販售時間為：9：00 ～ 19：00）

公休日：週三

地圖：P189-E16

上田製菓本舖

京都人耳熟能詳的「帕桑」[11]、「茶會法式脆片」等，懷舊樸實的手工烘焙點心。

上田家茶會法式脆片 ウエダのコンパラスク

專為茶會設計的招牌點心，有著香脆的口感與適中甜度，廣受各年齡層顧客喜愛。14 片裝 265 日圓。

咖啡夾心酥 コーヒーサンド

以「帕桑」夾起咖啡口味的奶油，形狀細長的烘焙點心。個別包裝方便食用，建議搭配咖啡或紅茶。17 支裝 310 日圓。

小丸帕桑 小丸パサン

原料和蜂蜜蛋糕一樣，都是麵粉、砂糖與雞蛋。製作蜂蜜蛋糕時三種原料份量相同，相較之下，「帕桑」的麵粉比例較高。310 日圓。

11 帕桑：原文為パサン，為京都特有甜點，此處音譯。

正月用帕桑　正月用パサン

每一片都手工畫上御所梅等吉祥圖案，新春期間食用的帕桑。地方上的超市也買得到，每年十一月～年底的期間限定商品。12 片裝 420 日圓。

※P96-97 商品價格全部含稅

上田製菓本舗

「上田製菓本舗」就位於二条城南邊的住宅區，是京都人熟悉的「茶會法式脆片」等烘焙點心的製造批發商。第一代店主從故鄉若狹到京都學習發祥於京都的甜點「帕桑」，並於昭和八年（一九三三）年在此創立了「上田製菓本舗」。

「帕桑」是以文明開化時代從英國傳來的一種西點餅乾發展而成的日式烘焙點心。特徵是使用麵粉、雞蛋和砂糖烤成餅乾後，再用糖霜（以吉利丁凝固糖粉而成）在上面畫出松竹梅或仙鶴等吉祥圖案。

香香酥酥，口感類似雞蛋小饅頭的這種點心，是正月過年時親戚聚集之際可隨意享用的小點心，長年以來深受京都家家戶戶喜愛。全盛時期的昭和三〇年代，京都有十幾家「帕桑」製造商，現在雖然只剩下上田製菓本舖，第三代店主上田昇夫妻仍懷著重視的心情守護這傳統美味。

此外，有「上田家法式脆片」暱稱，也是京都人耳熟能詳的點心「茶會法式脆片」，則是上一代店主發明的暢銷商品。將用來烤法式脆片的麵包切片後，每一片都用手工在表面塗上糖霜，放入窯中再烤一次。烤得香味四溢的法式脆片最適合當茶會上的小點心或充當簡便早餐。在點心師傅熟練的技術下，花費時間精神手工完成的各種懷舊點心也接受訂購，可寄送到日本其他縣市。

每一片都親手畫上圖案的「帕桑」。現在京都只剩下上田夫妻守住這獨一無二的技術了。

上田製菓本舗　うえだせいかほんぽ

地址：京都市中京区西ノ京北聖町 38
電話：075-841-0676
營業時間：10：00 ～ 17：00
公休日：週六、週日、國定假日
地圖：P186-C2

六曜社 地下店

綜合咖啡中深焙 500 日圓。奧野先生說，如果想在日常生活中輕鬆享受咖啡，建議可以選擇紙濾方式。有著溫和甜度與紮實口感的甜甜圈 150 日圓。

創立於昭和二十五（一九五〇）年，在全國各地擁有死忠愛好者的知名喫茶店「六曜社」。創立至今店內總是充滿常客與遠道而來的咖啡通。

「咖啡的味道決定於烘焙程度。」店主奧野修先生這麼說。

印度、巴西、坦尚尼亞……來自八、九個產地的咖啡豆，分別按照豆子的特性施以深焙、中深焙、中焙、淺焙等不同的烘焙方式，找出最適合的烘焙程度。

每一杯咖啡喝起來都不一樣，對咖啡愛好者而言，這裡的咖啡教人愛不釋手。除了咖啡之外，也有復古口味的牛奶咖啡和令人懷念的自製古早味甜甜圈，這些都是這間咖啡店的魅力所在。無論是常客還是旅途中來此歇腳的甜食愛好者，都能從美味的咖啡和甜點中獲得慰藉。

蛋糕捲、磅蛋糕等蛋糕類 1 份 250 日圓。

六曜社 地下店

ろくようしゃ ちかてん

地址：京都市中京区河原町三条下ル大黒町 36

電話：075-241-3026

營業時間：12：00 ～ 22：30

（17：30 以後以酒吧方式經營）

公休日：週三

地圖：P188-E17

橡果喫茶

特調咖啡 400 日圓，特選咖啡 500 日圓。也可以告知店家自己喜好的口味，請店家幫忙選豆。

「希望能傳達出個人經營店家的特色。」店主穴井先生這麼說。

平成二十八年（二〇一六）年一月底迎向開店四週年的「橡果喫茶」，是在京都老牌咖啡商等地累積工作經驗的穴井史則先生開的店。店內空間格調宛如英國的圖書館，營造出使人忘記身在辦公大樓區內的非日常氛圍。

「生產、收穫、精緻、烘焙。咖啡豆裡承載著每個過程中工作者們的心意，面對這樣的咖啡豆，我期許自己能做好鮮度控管、沖煮時盡可能不損及原有的風味。」穴井先生這麼說。顧客點餐後，一杯一杯仔細沖煮的咖啡，除了特調咖啡外，也有哥斯大黎加及巴西等幾款特選咖啡。希望苦味與酸味如何調和，喜歡什麼樣的口味，只要將這些告訴穴井先生，他也會推薦最適合您的一杯咖啡。

早晨即開店的橡果喫茶也供應早餐。許多人會在早晨時點一客早餐咖啡，享受厚片吐司搭配咖啡的美味。不分晝夜，想喘口氣時來到這裡，一定能盡情享受一杯風味洗練的咖啡與一段豐富心靈的時光。

橡果喫茶　きっ　さどんぐり

地址：京都市中京区烏丸夷川上ル少将井町 250 ビル HANA1F
電話：075-252-3911
營業時間：7：30 ～ 23：00（週六營業時間為 9：00 ～ 23：00，週日、國定假日營業時間為 9：00 ～ 17：00）
公休日：全年無休
地圖：P189-E18

NOILY'S Coffee & Spirits

除了特調外，還可品嚐到巴拿馬等野杁先生精挑細選的六種咖啡豆。喝酒之後不妨來此喝一杯咖啡提神醒腦。1 杯 600 日圓起。

用比體溫稍高的熱水，從偏低的位置注入濾杯。

氣氛沉穩，只有吧檯位置的酒吧。店主野杁秀二先生是麥芽威士忌愛好者之間無人不知、無人不曉，是一位在這行累積了三十多年資歷的資深酒保。店內陳列著少見的麥芽威士忌等野杁先生的精選酒品，不過，這間店的賣點還不只如此。正如店名所示，來到這裡，還能品嚐到極致美味的咖啡。

「就咖啡來說，我最重視咖啡豆的潛力。如何引出每一支豆子的實力，會影響最後喝到的口味。」野杁先生這麼說。他總是提醒自己，沖煮時不能給咖啡豆太大的負擔。

店內供應一款義式烘焙和三種單品咖啡。只要告知野杁先生自己對苦味及酸味等調和比例的喜好，他就會推薦適合的咖啡。營業至深夜，吃完晚餐或宵夜喝酒後，正好可以來這裡享用咖啡。從大馬路轉入小巷中，位於建築物二樓的NOILY'S Coffee & Spirits，是一間可悄悄造訪，享受美味咖啡的特別咖啡店。

NOILY'S Coffee & Spirits
ノイリーズコーヒーアンドスピリッツ

地址：京都市中京区西高瀬川筋四条上ル紙屋町367たかせ会館2F
電話：090-3672-2959
營業時間：17：00～隔日凌晨2：00
公休日：週二
地圖：P188-E19

MEMO

第3章 洛東點心

ZEN CAFE + Kagizen Gift Shop

徹底融合古來傳統文化與現代設計，呈現令人矚目的新一代和菓子形式。

小吊鐘　おちょま

可愛的吊鐘型乾點心。頂部凹陷處以紅色的小圓點裝飾。每一個都用薄紙包起，方便眾人分食，吃起來也不沾手。20 個裝 900 日圓。

鶴卜龜

最適合在婚禮或喜慶場合上使用的乾點心。紅白雙色的鶴龜造型吉祥討喜。若要送禮，可拜託店家用金色或粉紅色包裝紙包裝。40 個裝 2000 日圓。

菊壽糖 きくじゅとう

取自中國民間故事寓意的和三盆乾點心。菊花象徵長壽，因此經常被用來祝賀長壽或當作敬老節的贈品。此外，也是喜慶節日中常見的贈禮。20 個入 900 日圓。

※P108-109 商品價格全部含稅

祇園地區的巷弄裡，誕生了一間由京都老店鍵善良房企劃打造的咖啡點心舖，在這裡推出了嶄新型態的和菓子。併設有點心工房與藝廊的店內，洗練成熟的空間裡出色融合了自古以來的傳統與現代化的高品味藝術風格。正面寬敞的吧檯上，擺放著色彩繽紛的和菓子。

商品有著能令人感受到日本傳統的沉穩配色與優美輪廓，恰到好處地展現了屬於和菓子的獨特魅力。其中最引人注目的是以落雁製成的「飴雲」，使用不同顏色的「州濱」[12]在長方形的「落雁」上做出淡淡粉紅色或淺綠色的圓點圖案，成為一款造型可愛的和菓子。此外，店內也會將和菓子放在木盒或漆器中優雅展示，打造出令人感動的視覺之美。來到這裡，人們可以與以「創意嶄新、不多加修飾的日常和菓子」為主題的和菓子相遇。而除了和菓子的販售外，店內也併設有可品嚐和菓子與茶的餐飲空間。除了茶與茶點，也提供咖啡和鮮果汁等。包括和鍵善良房的「葛切」同樣用吉野葛作成的葛餅外，還可享用好幾種展現季節更迭的高級生菓子。此外，店內不乏名家手作餐具等職人工匠親手打造的作品，除了令人眼睛為之一亮，更透過這些豐富的擺設營造出令人安心小憩的空間。不妨在此享受選購紀念品的樂趣，既可做為饋贈親友的禮物，也能當作自己旅途之中的回憶。

12 州濱：煎過的黃豆、青豆粉中加入砂糖及麥芽糖揉合而成的和菓子。

飴雲

形狀簡潔的長方形落雁上有著醒目的圓點圖案。入口即化的溫和甜味是最迷人之處。隨季節改變的外觀設計也令人期待。8 片裝 780 日圓。

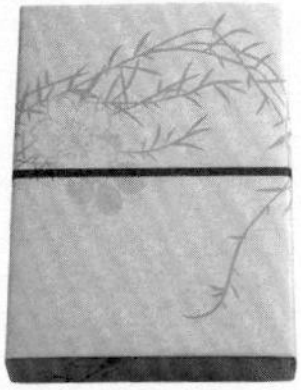

ZEN CAFE + Kagizen Gift Shop
ゼンカフェ カギゼンギフトショップ

地址：京都市東山区祇園町南側 570-210
電話：075-533-8686
營業時間：10：00 ～ 18：00
CAFE 營業時間為 11：00 ～ 18：00（L.O.17:30）
公休日：週一（若遇國定假日則順延一天）
地圖：P188-E20

La Voiture

希望能不斷傳承的道地美味。
老奶奶的反烤蘋果塔。

核桃塔 クルミのタルト

瑞士聖莫里茨地區的傳統點心。塔皮裡夾的是滿滿加了核桃與蜂蜜的焦糖餡。核桃的酥脆口感與濃郁香氣嚐起來滋味醇厚。500 日圓。

反烤蘋果塔 タルトタタン

「La Voiture」最著名的甜點，每日精心烘烤出爐的反烤蘋果塔。蘋果熬煮成焦糖狀，鋪在塔皮上烘烤。淋上濃稠的優格醬食用，增添豐富的口味層次。690 日圓。

※P112-113 商品價格全部含稅

「反烤蘋果塔」是十九世紀時，在法國一對泰坦姊妹的巧思創意下做出的蘋果派，傳承至今已發展出各種不同作法與造型。

以「老奶奶的味道」為人所知的 La Voiture 反烤蘋果塔，是上一代店主松永百合女士為了重現在法國吃到的反烤蘋果塔，回到日本後苦心鑽研而成。

四十五年前，La Voiture 在平安神宮旁風光明媚的地點成立，百合女士的反烤蘋果塔很快地獲得好評，吸引了許多人前來購買，因為一天出爐的數量有限，曾有一段時間，若來得太晚就買不到反烤蘋果塔了。

百合女士於平成二十六（二〇一四）年以九十五歲高齡辭世，由她的孫女若林麻耶小姐繼承了她的拿手好滋味。

一座（切割前的）「反烤蘋果塔」需用上四十個左右的蘋果。只用砂糖和奶油，花超過四小時的時間慢慢熬煮蘋果，直到成為充滿光澤的焦糖色。正因為使用了大量的蘋果，呈現出自然的酸甜味，入口濃郁但後味清爽。那酸酸甜甜的蘋果風味滲入塔皮，口感綿柔，入口即化。

除了最有名的「反烤蘋果塔」外，店內也有核桃塔和歐培拉蛋糕等甜點，每一樣都非常好吃。從這些每日花費時間心力製作的甜點中，吃得出當年百合女士對甜點付出的心意。

現任店主若林麻耶小姐，將百合女士的手藝與口味傳承下來。

La Voiture　ラ・ヴァチュール

地址：京都市左京区聖護院円頓美町 47-5
電話：075-751-0591
營業時間：11：00 ～ 18：00
公休日：週一
地圖：P188-E21

京華堂利保

重視季節感受，徹底遵循傳統製法。
深受茶道人士喜愛的名品茶點在此齊聚一堂。

濤濤
とうとう

出自第二代店主的創作，在武者小路千家第十三代宗師有鄰齋宗匠建議下完成。以京麩燒煎餅夾起大德寺納豆特製豆餡的茶禪一味名點。270日圓。

竹之露紅豆湯
おしるこ竹の露

在做成香菇及松茸形狀的年糕裡放入以紅豆湯濃縮成的粉末，年糕上並烤出蕈菇紋路增添趣味。只需熱水沖泡就變成一碗香噴噴的年糕紅豆湯，簡單方便。2個615日圓。

切通進進堂

六十年來深受花街人士喜愛。
最有名的是舞伎們喜歡的彩色果凍。

舞伎們喜歡的黃色～的果凍（圖片中央） 舞妓さん好みのきいろい～のゼリー

還有「綠色～的」（圖片下方）及「紅色～的」（圖片上方），都是以檸檬果凍為基底的果凍，分別加入哈密瓜、草莓等水果。「黃色～的」1個330日圓，「綠色～的」和「紅色～的」皆為1個350日圓。

蛋糕捲
ロールケーキ

除了原味外，還有咖啡與栗子、焦糖奶油等口味，每天提供四種左右新鮮出爐的蛋糕捲，據說是店主女兒拜師京都甜點名店後，加入自己的創意完成的口味。1片420日圓起。

※P116-117商品價格全部含稅

京華堂利保

於明治三十六年（一九〇三）開業，位於岡崎附近二条通的和菓子店。是京都家喻戶曉的薯蕷小饅頭名店，過去主要為武者小路千家提供茶點。

最有名的是在武者小路千家十三代宗師的建議下誕生的和菓子「濤濤」，深受茶道人士喜愛。濤濤這個名稱的由來，乃是模仿茶席上以茶釜燒水時的沸騰聲。一路走來始終維持一貫格調，遵循手工製法。

時雨傘 しぐれ傘

在大片的銅鑼燒餅皮中夾入羊羹的著名和菓子。切成三角形後再插上牙籤就成了一把傘！形狀可愛滋味濃郁，令人不由得期待起點心時間。迷你尺寸1個（一盒8人分）1296日圓。

京華堂利保
きょうかどうとしやす

地址：京都市左京区二条通川端東入ル難波町226
電話：075-771-3406
營業時間：9：00～18：00
公休日：週日、國定假日、每月第三、四、五週三
地圖：P188-E22

店內掛滿喜愛光顧的藝伎舞伎名牌。

原為昭和十（一九三五）年開業的烏龍麵店，戰後以供應咖啡及三明治的喫茶店型態重新出發。店內裝飾著滿滿藝伎舞伎的花名圓扇，正是切通進進堂深受花街人士喜愛的證明。

「黃色～的」、「綠色～的」、「紅色～的」水果果凍的命名由來，也是取自經常上門光顧的舞伎對果凍的暱稱。此外，店裡也販售多種口味的蛋糕捲。

切通進進堂　きりとおししんしんどう

地址：京都市東山区祇園町北側 254
電話：075-561-3029
營業時間：10：00 ～ 18：00
（喫茶店 L.O.16：30）
公休日：週一
地圖：P188-E23

祇園小森

佇立於風情萬種的花街一隅，
盡心款待的甜點屋。

抹茶磅蛋糕 抹茶パウンドケーキ

毫不吝惜地使用柳櫻園抹茶「綾之森」做成的磅蛋糕。柔和適度的甜味搭配濃厚的抹茶味，並加入大顆的大納言紅豆。1 片 200 日圓，1 條 1380 日圓。

蕨餅 わらびもち

每天早上用蕨粉現作的新鮮「蕨餅」。1100 日圓。搭配抹茶則為 1500 日圓。「蕨餅聖代」1550 日圓。「蕨餅善哉紅豆湯」1050 日圓。

抹茶蕨餅 抹茶わらびもち

在店內享用的「抹茶蕨餅」付一杯茶，1200 日圓。高雅洗練的甜味為人帶來一股幸福的感覺。伴手禮「抹茶蕨餅」一盒 950 日圓，每日販售數量有限，如果非買到不可的話，建議事前打電話預訂。

※P120-121 商品價格全部含稅

「祇園小森」的前身是戰後開業，歷史悠久的茶屋。因為想保留富有情調的建築物，於平成十（一九九八）年重新以甜點店的型式開幕。位於至今仍留下昔年花街景觀的祇園新橋白川沿岸，建築本身散發的獨特情調與氛圍，也和盛情款待的待客之道一起自茶屋時代延續至今。

每天供應的手工製作和菓子皆使用精選食材和最適當的調理方式。舉例來說，紅豆使用的是十勝產的大納言紅豆，每天早上炊煮當天所需份量。「餡蜜」使用吉野葛，客人點餐後才著手製作的葛餡滋味豐富。

店內最受歡迎的甜品，是只用純正蕨粉和砂糖及水製作的「蕨餅」，口感Q彈。聽說有不少外縣市的人為了吃這道甜品專程前往京都。

蕨餅有原味和抹茶兩種口味，吃之前先在表面滿滿的黃豆粉上淋上濃郁的黑糖蜜。此外，使用蕨餅製作的「蕨餅聖代」和「蕨餅善哉紅豆湯」也有不少死忠愛好者一再上門品嚐。除了上述點心外，店內的抹茶甜點更不惜使用高級抹茶粉製作，連茶行都說「拿來做點心真是太奢侈啦」。有抹茶凍和抹茶奶酪等，來自國外的觀光客也很喜歡。

店內設有伴手禮販賣區，可在此慢慢挑選自己喜愛的商品。

從面對白川的屋內，遠眺河川與聚集河面的野鳥。

祇園小森　ぎをんこもり

地址：京都市東山区祇園町新橋元吉 61

電話：075-561-0504

營業時間：11：00 ～ 21：00（L.O.20：30）

週日與國定假日營業時間～ 22：00（L.O. 19:30）

公休日：週三（國定假日照常營業）

地圖：P188-E24

MALEBRANCHE 加加阿[13] 365 祇園店

體驗美味與創新。揮霍京都生活品味的新型態巧克力專賣店。

飴巧克 飴ちょこ

有著如水飴般獨特口感與創新的扭轉造型。既令人懷念又帶來新意的巧克力點心。共有苦甜、黃豆粉、濃茶三種口味。一包 12 個 756 日圓。

加加阿 365

宛如生巧克力的入口即化口感教人愛不釋手，口味獨創而藝術。結合京都特有紋樣，設計出一年三百六十五天不同的圖樣，拿起每一顆巧克力都令人期待。可預約生日或紀念日的特殊「紋樣」。2 顆裝 972 日圓。4 顆裝 1944 日圓。

13 加加阿為可可亞的音譯。

入口即化佇古礼糖 ほろほろチョコレート

有如和三盆糖般入口即化，口感纖細綿密。板狀巧克力上的圖案模擬京都洛中棋盤格狀的街道，賞心悅目的設計。共有濃茶、黑豆粉、柚子等五種口味。1片 756 日圓。

※P124-125 商品價格全部含稅

MALEBRANCHE 加加阿365祇園店

作為京都北山MALEBRANCHE旗下新品牌所開設的巧克力專賣店。在傳統的祇園提倡嶄新藝術性的呈現。

誕生於歐洲，以可可亞製作的點心「巧克力」在京都茁壯發展。著眼於此，從「有加加阿的生活」、「讓你每天過得更美好一點」出發，以讓「世界上真正好吃的巧克力」進化為「京都人真正愛的巧克力」為目標。站在京都根深蒂固「日日是好日，好好過生活」的文化基礎上，做出一年三百六十五天每一天都能秉持京都式風格享受的甜點。

巧克力料理人與巧克力師傳攜手合作，挑戰製作嶄新的創意巧克力。從各種各樣點子中誕生的絕品巧克力全部有著入口即化的口感，也很重視新鮮度。「加加阿365」是一年三百六十五天，每一天都有只屬於當天圖樣的特別巧克力，分成兩顆裝與四顆裝兩種包裝。將京都獨特的景緻與日常片段融入設計，做出傳遞「再見之日」、「滿懷期待之日」等訊息的原創圖案，非常具有魅力。

「加加阿燒銅鑼小判」則是味道濃郁的小判[14]造型烘焙甜點。「飴巧克」是有著扭轉造型的可愛甜點，分成苦甜、黃豆粉、濃茶三種口味。在這裡，可以看到巧克力呈現出多采多姿的變化。

14 小判：日本古代錢幣的一種。

MALEBRANCHE 加加阿 365 祇園店
マールブランシュカカオぎおんてん

地址：京都市東山区祇園町南側 570-150
電話：075-551-6060
營業時間：10：00 ～ 18：00（7/1 ～ 9/30 營業時間為 10：00 ～ 19：00）
公休日：不固定
地圖：P188-E25

小多福

用斟酌精選的材料，花費時間精神製作的多口味萩餅。
繽紛可愛的外表也不可忽視！

御萩餅　おはぎ

使用近江糯米、十勝紅豆、備中白小豆等原料製作品質優良的萩餅。1 個 170 日圓起。外層米飯與內層豆餡的比例絕妙。抹茶搭配 1 個萩餅 700 日圓。

八色御萩餅
おはぎ 8 色セット

將所有種類的萩餅裝在一起，嬌小可愛，色彩繽紛，彷彿裝滿寶石的盒子，最適合用來待客或饋贈。打開盒蓋的那一刻，保證滿心喜悅。1 盒 1390 日圓。

祇園德屋

講究原料，品味出眾的甜點，是祇園藝伎舞伎們的心頭好。

純蕨餅（贈客伴手禮） 本わらび餅（おもたせ）

外帶專用，特地花了一番工夫保存剛做好時的新鮮美味。浸在黑蜜中的蕨餅，要吃的時候再撒上特製黃豆粉。6 個裝 3500 日圓（須預約）、4 個裝 2500 日圓。

※P128-129 商品價格全部含稅

小多福

位於安井金比羅宮不遠處的小多福，店主川崎加津子女士用心製作的萩餅大受歡迎。黃豆粉、紅豆、青海苔、梅子、白小豆、古代米等風味各異，各有特色的八色萩餅，可愛的外型教人捨不得吃下肚。每一種都保持適度的甜味，因此抓住了不少男性顧客的胃。可在店內吧檯搭配抹茶或咖啡一同享用，享受一段悠閒愜意的時光。

小多福 おたふく

地址：京都市東山区小松町 564-24
電話：075-561-6502
營業時間：10：00 ～ 17：00 左右
公休日：週四、每月第四週三、不固定
地圖：P188-E26

祇園德屋

位於祇園甲部歌舞練場附近花見小路通上的祇園德屋，是一間總是大排長龍的甜食屋。從大顆的丹波大納言等素材到使用餐具都十分講究，深受花街人士喜愛的一家店。

其中尤以使用高級國產純蕨粉與和三盆堂精心製作的「純蕨餅」最受歡迎，有著高雅的甜味與綿密口感，是幾乎所有來店的人都會購買的商品。外帶時會裝在可愛的束口袋中（四個一袋），這一點也大受好評。

祇園德屋　ぎおんとくや

地址：京都市東山区祇園町南側 570-127
電話：075-561-5554
營業時間：12：00 ～ 18：00（賣完即打烊）
公休日：不固定
地圖：P188-E27

VIOLON

本日咖啡550日圓（上圖）。足立先生形容「認真思考該賣什麼好，結果就變成這樣了」的早餐套餐很受歡迎（右圖）。使用京都老牌麵包店「進進堂」的吐司，塗上厚厚的奶油。吐司與咖啡的搭配絕妙，請享受這難以言喻的美味吧。

即使距離建仁寺和清水寺等觀光地不遠，仍能在鬧中取靜，度過一段悠閒時光的咖啡店。上門的客人們最期待的，就是按照自己點餐時表達的喜好磨豆沖煮而成的美味咖啡。店主足立英樹先生說自己：「因為太愛咖啡，所以開了這家店。」也正因如此，不只從選豆到手沖都戰戰兢兢地進行，連烘豆都不假他人之手，致力找出每一種豆子最適合的烘焙方式。

「本日咖啡」哥斯大黎加是一款有著巧克力香、焦糖香以及黑櫻桃的甜美香氣，同時保留適度酸的單品咖啡。

只要在上午十一點前點一杯手沖咖啡，就會附上特製早餐，這樣的服務也令人欣喜。厚片吐司、水煮蛋、迷你沙拉和果醬優格，不僅內容簡單又有飽足感，也兼顧了營養均衡。

VIOLON カフェ ヴィオロン

地址：京都市東山区轆轤町 80-3
電話：075-532-4060
營業時間：9：00 ～ 21：00（L.O.20:30）
早餐供應至 11：00
公休日：週四
地圖：P188-E28

YAMAMTO 喫茶

「特調咖啡」400 日圓。一到點心時間就想吃的「手工布丁」搭配咖啡 750 日圓。壓低苦味，喝來醇厚濃郁，是僅次於雞蛋三明治的人氣商品。

位於充滿京都情調的祇園地區白川沿岸，店內的特調咖啡苦味偏低，香醇順口，大受好評，很多人都會點搭配早餐或午餐的咖啡套餐，仔細品嚐這美好的滋味。

對外是大片落地玻璃，室內採光良好，坐在店內可悠閒欣賞靜謐流過的白川景色，喝起咖啡心境格外特別，充分享受一段美好的咖啡時光。

對往來觀光景點的人而言，這是一間適合進入小憩的咖啡店，此外，店內的食物品項也很豐富。最受歡迎的是鬆軟的雞蛋三明治，雞蛋煎得蓬鬆又綿軟，與柔軟的麵包是一對最佳拍檔。早餐也可選擇附上沙拉與一杯咖啡或紅茶的咖哩飯，不妨一試。

YAMAMTO 喫茶
やまもと喫茶

地址：京都市東山区白川北通東大路西入ル石橋町 307-2
電話：075-531-0109
營業時間：7：00～18：00（L.O.17:30）
公休日：週二
地圖：P188-E29

ELEPHANT FACTORY COFFEE

深焙單品曼特寧650日圓（上圖），苦味與香氣兼備的一杯。自製迷你起士蛋糕400日圓。一個人帶本書來這裡盡情享受咖啡美味，就像擁有自己的祕密基地。

「ELEPHANT FACTORY COFFEE」位於從河原町通往東走，一條不熟悉地理環境的人可能會迷路的巷弄中。店名由來取自村上春樹小說《象工場的HAPPY END》。

問店主畑啟人先生「在這裡可以喝到一杯什麼樣的咖啡呢？」他的回答是：「應該是我自己覺得好喝的咖啡吧。雖然有著確實的苦味，但每一杯咖啡在苦味之後都能呈現各自不同的特色。」

「我想開的是一間『自己想去的店』。有好喝的咖啡，有店主駐店。一間讓人想一直待著，一直想去的店。」

細心手沖的咖啡香氣濃郁，有著帶來心靈寧靜的美味。

ELEPHANT FACTORY COFFEE エレファントファクトリーコーヒー

地址：京都市中京区蛸薬師通東入ル備前島町309-4HKビル2F
電話：075-212-1808
營業時間：13：00～隔日凌晨1：00
公休日：週四
地圖：P188-E30

MEMO

第4章 洛西點心

御菓子司 中村軒

從器具到製法，講究一切細節，一絲不苟製作而成的和菓子令人感動。

麥代餅　むぎてもち

在剛搗好的年糕中包入顆粒紅豆餡，最後撒上黃豆粉。簡單卻深奧的滋味，是中村軒的代表作。比普通麥代餅小一點的迷你麥代餅也很受歡迎。1 個 290 日圓（迷你 220 日圓）。

金鍔　きんつば

一如往昔的古早味素來評價甚高，顆粒紅豆餡是店家自豪的美味。保存期限較長，適合用來送禮，收到的人也會很開心。能充分品嚐到道地的紅豆餡滋味，也有白豆餡金鍔可選擇。1 個皆為 260 日圓。

※P140-141 商品價格全部含稅

笑窪上用[15] えくぼ上用

婚禮或喜慶節日上經常可見的上用小饅頭。渾圓的造型，特徵是中央凹陷的「笑渦」，裡面包著豆沙餡。接受訂單後才開始生產，請於至少三天前預約。也可依喜好決定是否撒上金箔。1 個 270 日圓（金箔款 290 日圓）。

---

15 笑窪上用：笑窪為日文中「笑渦」的意思。

中村軒的和菓子使用的食材有北海道產紅豆、備中產白小豆等，都是經過嚴格挑選的國產品，將豆類的天然原味發揮得淋漓盡致。

堅守古早傳統製法，師傅們不惜花費時間與手工細心製作，完成的甜點都能吃出食材真正的美味。此外，在製作時也會使用熱傳導功能佳的銅鍋等工具，對器具類的講究一絲不苟。

名產「麥代餅」是從前人下田時休息時間吃的點心。當時還是以物易物的時代，五合的麥子可換來二個餅，麥代餅因此得名。直到現在還能從食物的命名中看出過去的生活習慣。柔軟的麥代餅與甜度適中的顆粒紅豆餡達成良好的比例，除了平常當點心吃，也是很受歡迎的伴手禮名品。另外，以紅豆泥與樸實餅皮組合而成的一口大甜點「桂饅頭」是中村軒創立以來的知名產品。還有在全國菓子大博覽會上獲頒裏千家御家元獎的「利休饅頭」，以及有著濃郁黑蜜與黃豆粉豐盈香氣的「黑蜜丸子」等，從招牌商品到配合季節推出的知名和菓子，選擇眾多。

店頭設有可坐下來喝杯茶享用點心的空間，店內亦保留了古時茶店的氛圍，春夏時可選擇冰的善哉紅豆湯或剉冰，秋冬則有安倍川餅或磯邊卷等季節點心。造訪京都時不妨在此稍作停留，享受一番閒情逸致。

御菓子司 中村軒
おかしつかさなかむらけん

地址：京都市西京区桂浅原町 61
電話：075-381-2650
營業時間：7：30 ～ 18：00
（茶店營業時間為 9：30 ～ 17：45（L.O.））
公休日：週三（國定假日照常營業）
地圖：P190-I1

鬆羚的點心

使用提昇免疫力的發酵食品，
吃了就能帶來活力的點心。

修道院薄餅 修道院ガレット

以法國小修道院中默默製作的點心為靈感，使用加入杏仁的自製天然酵母發酵麵團，中間夾上摻有核桃與葡萄乾的焦糖奶油。禮盒裝 600 日圓。

甜酒釀萩餅
甘酒おはぎ

用米麴發酵做成的「甜酒釀」增添自然甜味，品嚐糙糯米的口感。傳統中展現新意的萩餅 2 個 500 日圓。

四種發酵巧克力塔　4種の発酵チョコタルト

使用傳承自古代三大文明的食材及發酵技術製成的巧克力塔。有藍紋乳酪、萊姆葡萄乾、味醂酒糟、發酵奶油＆覆盆莓等，共四種口味。1個皆為500日圓，禮盒裝（4個一盒）2000日圓。

位於京都嵯峨嵐山的發酵食品專賣店，也是咖啡兼餐廳的「發酵食堂髭羚」推出了甜點專賣店——「髭羚的點心」。店主關惠小姐在生第一個小孩時，認識了愛知縣岡崎市的吉村醫院，透過在那裡的自然生產經驗，深刻體會到人類生命原有的強韌，從此之後便致力於製作既美味又能提高生命力的飲食，其中更是特別專精於味噌和梅乾等手作發酵食品。

曾在北海道大學與瑞典學習，也在東京工作過的關惠小姐之所以將店開在嵐山，除了因為自己出身京都外，也是因為希望能在一個遠離都市繁華地帶的地方，腳踏實地展開屬於自己的事業。不只限於食品，她想做的是透過發酵食品提倡健康天然的生活方式。

「以『生命會為生命帶來活力，讓發酵食品重回廚房』的概念製作發酵食品，並將這些發酵食品運用在甜點上，讓更多人知道發酵的好處與樂趣。」關小姐這麼說。

舉例來說，關小姐從歷史上繁盛的古馬雅文明中得到靈感，因為馬雅人認為用可可亞發酵的巧克力是「神的食物」，再加上來自埃及古文明的天然酵母麵團與來自日本繩文時代，堪稱最古老生物科技的甜酒釀，融合以上三大發酵文明構思而成了店內商品「四種發酵巧克力塔」。除此之外，也有甜酒釀萩餅、甜酒釀蛋糕捲，夏季的甜酒釀冰等等，所有販售商品都與發酵食品息息相關。

鬚羚的點心　カモシカのおかし

地址：京都市右京区嵯峨天龍寺若宮町 21-2
電話：075-748-0186
營業時間：11：30 ～ 17：00
公休日：週日、週一
地圖：P190-G1

嵯峨嘉

堅持守護美好古早時代的口味，
希望能永久傳承的美味，自用送禮兩相宜。

草莓大福

經常在上午就售罄的人氣商品。草莓的酸甜滋味與白豆餡搭配得天衣無縫。令人難忘的好味道，建議最好事先打電話預訂。小 170 日圓，中 210 日圓，大 250 日圓。

紫蘇餅 梅

爽口是風味的決定性關鍵，不管幾個都吃得下的「紫蘇餅 梅」。紫紅色的美麗外觀，非常適合用來當伴手禮。受到廣泛年齡層喜愛的京都名產。1 個 110 日圓。

昭和四十五年（一九七〇）創立以來，始終受嵯峨野地方人士喜愛的和菓子店。到嵐山觀光時，總會忍不住想過去這間保留舊時美好的店看看。

知名甜點「紫蘇餅 梅」用道明寺粉製作的餅皮包住豆沙餡，外面再用鹽漬過的紅色紫蘇葉包起，是嵯峨嘉的獨創和菓子。據說當初是為了「讓不喜歡吃太甜的男性也能接受」而製作的甜點。一放入口中，紫蘇清新的香氣撲鼻，吃來爽口又帶有淡淡甜味，不管吃幾個還是一樣美味，大受好評。在全國菓子大博覽會上也曾獲頒榮譽總裁獎。

與紫蘇餅同樣受到喜愛，由於只限每年十二月到四月期間販售，讓不少顧客迫不及待的「草莓大福」，使用的不是近年來調整過甜度的草莓，只用和從前一樣具備濃郁甜味的「豐之香」品種草莓。

「豐之香」草莓只有熊本縣少數農家生產，產量稀少的緣故，所收成的草莓果實大小也很難避免參差不齊的狀況。為了解決這個問題，嵯峨嘉的草莓大福於是配合草莓果實大小，分成大、中、小三種尺寸。吃進口中時，柔軟光滑的餅皮與口感柔滑的自製白豆餡及濃縮了酸甜味的草莓三位一體，融合而成一股難以言喻的好滋味。

從九月到十一月的秋季則有「栗餅」發售，深獲甜食愛好者的歡心。在不同季節造訪京都時，都能來此品嚐不同的美味。

玻璃櫃裡除了有名產「紫蘇餅 梅」之外，也可看到大福、小饅頭等最適合當下午茶點心的和菓子。

嵯峨嘉 さがよし

地址：京都市右京区嵯峨広沢御所ノ内町 35-15

電話：075-872-5218

營業時間：8：00 ～ 20：00（週日、國定假日只營業至 19：30）

公休日：週三

地圖：P190-G2

琴 KIKI 茶屋

人氣茶店遵循傳統製法製作的嵐山名產。
品嚐糯米餅的淡淡甜味與櫻花香氣。

無添加櫻餅、紅豆餡餅 無添加櫻もち、あんもち

帶有淡淡甜味的道明寺糯米餅，配上鹽漬櫻葉的微微鹹味，這就是嵐山名產櫻餅。為了強調櫻花的風味，刻意不使用紅豆餡。搭配以道明寺餅包豆沙餡的紅豆餡餅套餐 600 日圓（附薄茶一杯）。外帶 6 個裝（2 種）1000 日圓。

古都芋本舖

發揮食材本色，樸實美好的滋味。
深受海外觀光客喜愛。

古都芋

用加入芝麻揉成的麵團包起蒸過的薩摩芋（地瓜）烤成。有白芝麻與黑芝麻兩種，兩者皆具有樸實天然的風味。不妨買些在散步時邊走邊吃。1 個 160 日圓。

御手洗丸子 みたらしだんご

在店頭現烤販售的御手洗丸子。烤丸子的香氣瀰漫四周，吸引不少觀光客駐足購買。1 支 160 日圓。

※P153 商品價格全部含稅

在嵐山渡月橋畔開了超過一百年的茶店。從茶店還在車折神社內開店時已大受歡迎的「櫻餅」是店內最出名的商品。和普通的櫻餅不同，琴 KIKI 茶屋的櫻餅最大特徵是裡面沒有包豆餡，只是一塊純的道明寺糯米餅，用兩片鹽漬櫻葉包起，受到許多不喜歡吃豆餡的人喜愛。

可以在店裡享用櫻餅與紅豆餡餅的套餐，也可以買外帶。外帶數量至少須買三個。

琴 KIKI 茶屋 ことききちゃや

地址：京都市右京区嵯峨天龍寺芒ノ馬場町 1

電話：075-861-0184

營業時間：10：00 ～ 17：00
（L.O. 飲料 16：30，用餐 16：00）

公休日：週三不固定、週四、週四若遇國定假日則照常營業（春秋觀光旺季無休）

地圖：P190-G3

古都芋本舖

距離嵐電嵐山車站不遠，位於野宮神社參道附近的「古都芋本舖」是一間專賣和風甜點的外帶點心專賣店。

由於離嵐山觀光名勝竹林及天龍寺很近，不只春秋等觀光旺季，一年四季都有來自國內外的觀光客，店內人聲鼎沸。

在篩過的地瓜泥裡加入芝麻揉成麵團，烤出香氣四溢的「古都芋」，是能品嚐到地瓜天然甜味的一道佳品。有白芝麻與黑芝麻兩種口味，雖然只能外帶，買下後當場就能打開來吃，美味令人驚豔。

另外也有淋上滿滿醬汁的「御手洗丸子」，以及用焙茶、抹茶、香草等當季口味霜淇淋堆疊而成的「四色霜淇淋」，也是很受歡迎的品項。一到夏天，還能買到使用當季水果的剉冰等。店頭充滿色彩繽紛的點心，陪伴旅客度過在嵐山散步的美好時光。

古都芋本舖 こといもほんぽ

地址：京都市右京区嵯峨天龍寺立石町 2-1
電話：075-864-1212
營業時間：9：00 ～ 18：00
公休日：全年無休
地圖：P190-G4

Anna Maria

「特選盧哈娜紅茶」1150日圓（上圖）。嚴選盧哈娜紅茶中芯芽最多的種類，能喝到馥郁濃厚的甘甜味。「各種戚風蛋糕」（下圖）不使用發粉，只靠雞蛋膨發力量烤出的戚風蛋糕，最適合搭配紅茶。450日圓起。

※P156 商品價格全部含稅

在風景怡人，四季皆可欣賞美景的嵐山，紅茶專賣店「Anna Maria」於平成十七年（二〇〇五）開幕。店舖由店主原本居住的日式家屋改造而成，深具巧思意趣，吸引了不少來自海外的觀光客。

精選產自斯里蘭卡與印度的紅茶，除了銷售之外，也可在店內享用壺裝熱紅茶。我最推薦這裡的「盧哈娜」紅茶，喝起來口感比阿薩姆清爽，又能嚐到一股黑糖般的甜蜜香氣。除了可品嚐到烏巴及大吉嶺等茶葉原味外，也有香草花茶、玫瑰花等花草茶及皇家奶茶等品項，深深療癒紅茶愛好者的心。店主手工製作的司康與戚風蛋糕和店內紅茶也形成絕妙搭配。

外觀雖是純日本建築，店內裝潢卻宛如置身英國倫敦。可看見庭院的座位需要先預約。

Anna Maria　アンナマリア

地址：京都市右京区嵯峨天龍寺北造路町 13
電話：075-871-5087
營業時間：10：00～18：00（L.O.）
公休日：週二、週四（國定假日照常營業），11 月無休，2～3 月前半公休
地圖：P190-G5

MEMO

第5章 洛南點心

笹屋伊織

謹守三百年傳統樣式的老店企劃
與「弘法大師」有所淵緣的知名點心「代表銘果 銅鑼燒」

代表銘果 銅鑼燒 どら焼

只限每月20、21、22日販售的笹屋伊織代表銘果。將烤成罕見細長筒狀的銅鑼燒切成一片一片食用。一輩子至少要吃一次的夢幻和菓子。1長條1400日圓。

夾心蜂蜜蛋糕 カステラさんど

以口感紮實的蛋糕體夾上黑糖與抹茶醬，夾心形式的蜂蜜蛋糕。入口柔軟的蛋糕配上濃郁的抹醬，大小適中，最適合當作下午茶的茶點。1 個 200 日圓。

※P153 商品價格全部含稅

創立於享保元年（一七一六），歷史悠久的老牌和菓子店「笹屋伊織」。創立當時店鋪設在京都左市（現在的七条堀川附近），在左市最後殘留的幾間店中，以最古老的甜點店鋪而聞名。點心盒的包裝紙上畫有描繪左市熱鬧情景，光是欣賞包裝就別有一番樂趣。

品牌代表銘果「銅鑼燒」，和一般的銅鑼燒形狀不同，烤成獨創的長條筒狀，外圍是餅皮，中央是內餡，秘方不外傳的外皮吃來口感Q彈，甜度適中的豆沙餡份量也拿捏得恰到好處。在創立至今約一百五十年歷史中，始終不斷鑽研優良食材，秉持不變的製作技法，守護代代相傳的獨門風味。非常適合做為贈禮。配合弘法大師的忌日（二十一日），只限每月二十、二十一、二十二日販售。如果不想錯過，請務必記得於這三天前往購買。

除了銅鑼燒，店內還有包著高雅蛋黃餡的多福豆，名稱取為「洛樂福壽」，帶有召喚好運的好兆頭。此外，形狀如不倒翁的可愛「不倒小法師」也是討喜吉利的和菓子。爽口的豆沙餡大人小孩都喜歡。經營上也很注重彈性，配合時代需求而設立了網路商店，一方面遵循傳統文化，一方面不斷達成嶄新進化，開發符合不同季節特色的各種新商品，教人不愛也難。

總店附設的咖啡店。店內販售生菓子與聖代等多種品項，還能享受以櫃台內茶釜現沖的抹茶。

笹屋伊織　ささやいおり

地址：京都市下京区七条通大宮西入ル花畑町 86

電話：075-371-3333

營業時間：9：00 ～ 17：00

公休日：週二（如週每月 20 ～ 22 日則照常營業）

地圖：P190-F1

nikiniki à la gare

為京都代表土產「八橋」發展出嶄新時尚的形式。

carre de cannelle カレ・ド・カネール

可自由選擇喜歡的內餡請店家製作的一款八橋點心。除了顆粒紅豆餡與配合季節推出的豆沙餡外，還有水果內餡、焦糖等可供選擇。1 個 108 日圓起，實惠的價格也令人可放心選購。

balle バル

藍色是肉桂口味，黃色是檸檬口味，白色是香草口味，茶色是黑糖口味，粉紅色是核桃口味……每個口味都不相同，為傳統內餡與餅皮增添風味的「上用饅頭」和菓子。一口大小方便女性食用，也是這款點心的魅力所在。5 個裝 1180 日圓。

季節生菓子 季節の生菓子

春天的「papillon」（圖中左側的兩個）與秋天的「autumn」（圖中右側的兩個）。除了這類保留日本傳統和菓子造型外，十月與十二月還會分別配合萬聖節和聖誕節推出南瓜和聖誕老人造型。各 2 個入 594 日圓。

※P164-165、167 商品價格全部含稅

nikiniki á la gare

創立於元祿二年（一六八九）的聖護院八橋總本店，於平成二十三年（二〇一一）在四条木屋町成立了新品牌「nikiniki」，對傳統甜點八橋提出屬於新時代的創意吃法。說到京都特產，人人都會想到八橋。nikiniki一方面遵循傳統製法，一方面加上新的原料和時髦的設計，推出新商品。

平成二十四年（二〇一二）年，又在堪稱京都玄關的京都車站八条口開設了這間「nikiniki a la gare」。

玻璃櫃裡擺滿充滿季節特色的生菓子，以及進化為新型態的八橋，吸引了來自國內外造訪京都的觀光客。

色彩繽紛的和菓子中，特別引人注目的是以四季風情為主題的八橋生菓子，春天有櫻花、蝴蝶，秋天有楓葉等造型。發出肉桂迷人香氣，有纖細手工造型與美麗配色的八橋，教人怎麼捨得吃呢。

此外，這裡也售有一口大小，顏色淡雅的柔軟上用饅頭「balle」，以及可自己選擇喜好內餡搭配八橋外皮的「carre de cannelle」等，每一項都是可愛又吸睛的商品。

店內也設有座位空間，可在店內仔細品嚐生菓子的美味，當場享受豐富水果風味的內餡或豆沙餡口味與八橋的組合，實際體驗新一代八橋的創新滋味。

以白色和清爽的綠色統一的店鋪內觀與店員制服也很出色。造訪京都時，不妨來此一趟，試試與嶄新口味的邂逅。

cannelle カネール

薄薄的八橋烤過後捲成細長棒狀，吃起來爽脆過癮。cannelle 是法語的「肉桂」。有肉桂與咖啡口味，皆為 1080 日圓（12 支裝）。

nikiniki á la gare
ニキニキアラギャール

地址：京都市下京区東塩小路高倉町 8-3JR 京都アスティロード 1F（美食街「京都おもてなし小路」內）
電話：075-662-8284
營業時間：9：00 ～ 20：00
公休日：以「京都おもてなし小路」為準。
地圖：P190-F2

joie joue

為歷史悠久，
廣受喜愛的雞蛋小饅頭點綴上繽紛的色彩。

御粧雞蛋小饅頭

おめかしぼぅろ

口感香酥的巧克力雞蛋小饅頭。有「氣質抹茶」、「輕柔草莓」、「淡鹽巧克」等口味。每種口味皆為1盒648日圓（1盒中有3包，每包4顆）。綜合口味6包入1296日圓，綜合口味15包入3240日圓，可自行依用途選擇。

※P168-169、171商品價格全部含稅

鶴屋吉信IRODORI

以嶄新形式品嚐老店滋味，
優美日式色系的現代和菓子。

上用饅頭

使用「佛掌薯」做成的上用麵團與豆沙餡融為一體。外觀是淡雅的粉紅色、淺藍色、檸檬黃等日系色彩，做為伴手禮很受歡迎。將傳統口味放入小巧的點心裡，可少量品嚐。5 個裝 1404 日圓。

琥珀糖

彷彿粉彩顏料般長條形的美麗點心，有著第一口爽脆，第二口滑順的特殊口感。共有茉莉、洋甘菊、薰衣草等五種口味。10 支裝 1080 日圓。

玻璃櫃裡放滿甜點師特製的招牌蛋糕和當季生菓子，光看就很開心。

位於京都世紀飯店內的甜點店「joie joue」不但具有京都風格，又有絢爛豪華的氣質，販賣宛如藝術品的甜點，令來到這裡的人打從內心興奮雀躍。

重新設計包裝的「御粧雞蛋小饅頭」，除了適合當作贈禮，獨特的口感也令人想留下藏私，做為自己的小零嘴。共有「氣質抹茶」、「輕柔草莓」、「淡鹽巧克」三種口味。

joie joue
スイーツブティック ジョアジュー

地址：京都市下京区東塩小路町680 京都センチュリーホテル 2F
電話：075-351-0120
營業時間：10：00 ～ 21：00
公休日：全年無休
地圖：P190-F3

生菓子

為柔軟的「外郎」蒸糕增添各種口味，裡面包入豆餡的生菓子。除了原味外郎、抹茶外郎，還有檸檬及柚子口味的外郎，清爽的風味值得嘗試。5 個裝 1404 日圓。

享和三年（一八〇三）創立的京菓匠「鶴屋吉信」於平成二十七年（二〇一五）年併設了咖啡店「鶴屋吉信 IRODORI」，就在京都車站內開幕。店內有一口大小「上用饅頭」以及長條狀的美麗「琥珀糖」等，以嶄新風貌呈現傳統技藝的商品。咖啡店內除了可享用抹茶與生菓子之外，還可喝到使用祇園辻利抹茶製成的飲料。

鶴屋吉信
つるやよしのぶイロドリ

地址：京都市下京区東塩小路町 8-3JR 京都駅八条口アスティロード（新幹線一樓剪票口對面）
電話：075-574-7627
營業時間：9：00 ～ 21：00
公休日：全年無休
地圖：P190-F4

中村藤吉京都車站店

各種吸引人的點心，襯托出好茶的風味。宇治茶名店企劃的人氣茶店。

生茶凍 生茶ゼリイ

提供外帶的杯裝茶凍。加入口感柔軟的白玉丸子和綿滑的紅豆泥，堪稱絕品。份量十足，令人驚喜。有抹茶口味（圖中前方）和焙茶口味（圖中後方）兩種，各391日圓。

栗子費南雪
栗入りフィナンシェ

以香氣馥郁的抹茶或焙茶麵團烤出口感紮實的費南雪，吃來心滿意足。加入國產澀皮栗的栗子費南雪是秋冬限定商品。1個皆為331日圓。

生茶凍 生茶ゼリイ

帶有清爽甜味的茶凍，將茶的風味襯托得更上一層樓。搭配紅豆泥與白玉丸子一起吃，是店內最受歡迎的一品。茶凍可選擇抹茶口味或焙茶口味，並附上「本日一口茶點」和抹茶冰淇淋。1 人份各 841 日圓。

※P172-173、175 商品價格全部含稅

中村藤吉京都車站店

在宇治御物茶師．星野宗以門下修習十二年的第一代店主，於安政元年（一八五四）在宇治開業至今一百六十年的「中村藤吉本店」。這間進獻天皇御茶的宇治茶老店，於平成二十年（二〇〇八）年時，在京都車站大樓內的「SUVACO」開了一間現代茶店，就是這間「中村藤吉京都車站店」。

店內裝潢充滿現代和風，在這裡，除了能享用到聖代、餡蜜、茶蕎麥等使用與製茶製作的獨創甜點及輕食，也能喝到品牌精選的名品好茶，深受來自海外的觀光客與在地人的喜好，上門顧客絡繹不絕，經常都能看見大排長龍的景象。

在豐富又講究的品項中，最受歡迎的莫過於「生茶凍」。彈力十足的茶凍口感搭配抹茶或焙茶的新鮮風味，是我大為推薦的一品。茶凍微甜，即使是不愛吃甜食的男性，應該也會很喜歡。除了茶凍，店內也有「本日一口茶點」與抹茶冰淇淋等點心，令人吃得心滿意足。

此外，同樣以抹茶及焙茶製作的外帶甜點種類也很豐富，做為伴手禮大受好評。除了「生茶凍」，口感紮實的「費南雪」和「抹茶蜂蜜蛋糕」，以及使用入口即化生巧克力的「生茶克力」等，對喜歡喝茶與茶點的人來說有如天堂。

重口味巧克力

濃いめのチョコレート

可吃到豐富茶香，口味偏重的「重口味抹茶巧克力」和「重口味焙茶巧克力」。1 盒各 584 日圓。

中村藤吉京都車站店

なかむらとうきちきょうとえきみせ

地址：京都市下京区烏丸通塩小路下ル東塩小路町 SUVACO・JR 京都伊勢丹 3F

電話：075-352-1111（JR 京都伊勢丹代表號）

茶店營業時間：11：00 ～ 22：00

（L.O.21:15）※茗茶賣場營業時間至 21：15

公休日：全年無休

地圖：P190-F5

SIZUYAPAN

老牌紅豆麵包店製作
從招牌商品到新商品應有盡有。

OGURA（上圖左）

白麵包裡包著大納言紅豆顆粒餡的招牌商品。紮實的麵包口感與醇厚深奧的豆餡組合，不管吃幾次都不會膩的美味。

MACCHA（上圖後方）

抹茶麵包裡包著抹茶內餡與蜜漬紅豆，抹茶豐盈的香氣特別出色。也有包白豆餡、丹波大納言紅豆顆粒餡的種類。

WAGURI（上圖右前）

加入沖繩黑糖的黑麵包中，包著大納言紅豆沙與一整顆栗子。
以上 1 個 210 日圓起。也可盒裝購買（如左圖），有 1 盒 5 個和 1 盒 10 個可選。

總本家稻荷屋

參拜伏見稻荷大社時必訪。古早味的手烤煎餅店。

狐狸面具煎餅

きつね煎餅

材料只使用麵粉、砂糖、白味噌以及以焙煎芝麻磨成的芝麻粉，混合後倒入模型內手工烤成。酥脆的口感與甜中帶鹹的獨特風味令人難忘。3片裝（小面具）370日圓起。

※P176-177、179商品價格全部含稅

自昭和二十三年（一九四八）創立以來深受消費者喜愛的京都老牌麵包店「志津屋」在京都車站開的紅豆麵包專賣店。有「OGURA」、「MACCHA」、「WAGURI」、「YUZU」等口味[16]也有使用佐佐木酒造的酒粕製成的麵包等，包括十種招牌麵包在內，豐富多樣的品項很有京都人的風格。展現各種不同風味的「甘紋」包裝紙也值得矚目。

16 「OGURA」、「MACCHA」、「WAGURI」、「YUZU」等口味：依序分別為紅豆、抹茶、和栗、柚子。

SIZUYAPAN シズヤパン

地址：京都市下京区東塩小路高倉町 8-3JR 京都駅アスティロード 1F
電話：075-692-2452
營業時間：9：00 ～ 21：00
公休日：全年無休
地圖：P190-F6

位於稻荷大社總本山・京都伏見稻荷大社旁的「總本家稻荷屋」。據說創立於昭和初期，以販賣「稻荷煎餅」廣為人知。材料以麵粉為基底，在麵團中揉入白味噌與芝麻的「狐狸面具煎餅」，口味甜中帶鹹，甜味與鹹味的比例拿捏非常出色。採用稱為「一丁燒」的手工烘烤方式，這需要非常熟練的技術。站在店頭即可看見店內師傅手烤煎餅的情形，也是購買煎餅時的樂趣之一。

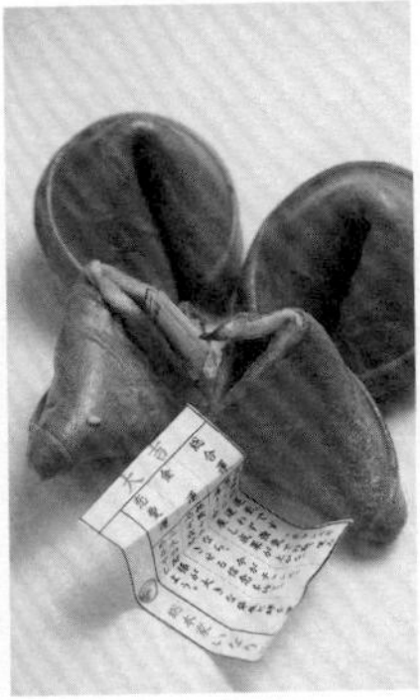

辻占煎餅

在鈴鐺形狀煎餅裡包入占卜籤條的「辻占煎餅」，靈感來自中國餐廳常見的「幸運餅乾」。還有在參拜香客間很受歡迎的伴手禮「多福煎餅」，據說能散播福氣。辻占煎餅一包五片裝430日圓。

總本家稻荷屋

地址：京都市伏見区深草開土町2（伏見稻荷大社境內）
電話：075-641-1166
營業時間：8：30～17：30
公休日：週五（每月1日、國定假日除外）
地圖：P190-H1

御菓子司 東寺餅

如今已是東寺門外的著名特產。
現搗的艾草麻糬有祛除邪氣之效。

東寺餅

與店名相同的招牌名產。所使用的和菓子「求肥」鬆軟的口感來自製作過程中加入的蛋白霜。小巧雪白的東寺餅，教人捨不得吃掉。1 個 140 日圓。

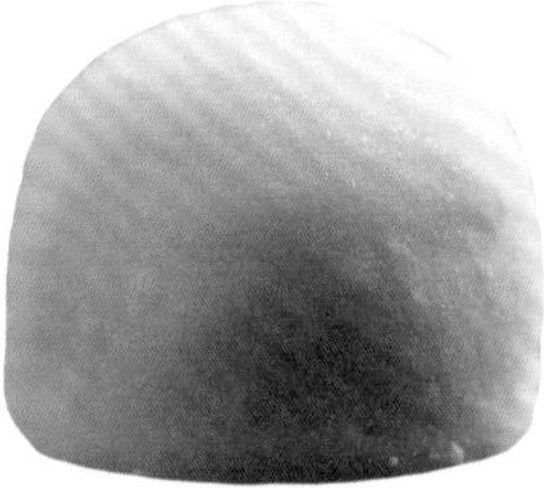

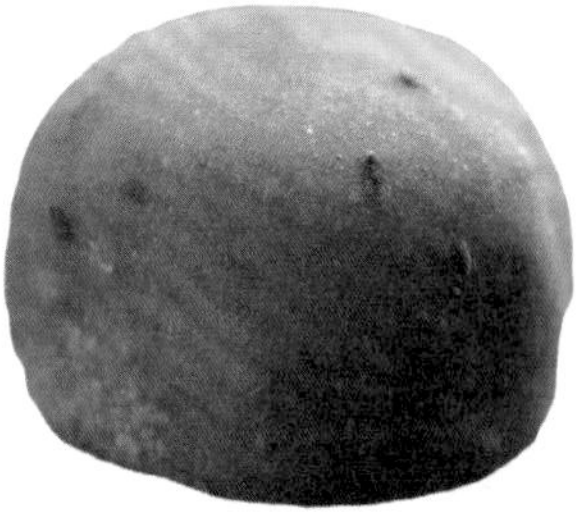

亥之子餅

在糯米團裡加入桂皮，混入黑芝麻模仿野豬毛皮的圖案，餅皮裡包的是顆粒紅豆餡。1 個 140 日圓。

六方燒

外皮只使用雞蛋與麵粉，再以做出的麵團包住豆沙，麵團放在鐵板上分六面煎烤，一邊烤，一邊逐步將上下兩面整成正方形，是一道花費時間與工夫的甜點。最上面撒了黑芝麻增添香氣。1 個 140 日圓。

艾草大福 よもぎ大福

每月 21 日的「弘法市之日」販賣現搗後烤過表面的兩種大福麻糬。烤麻糬香氣四散，總是引來大排長龍的購買客。很多人會買來當伴手禮，也有人一口氣買很多。1 個 210 日圓。

※P180-181 商品價格全部含稅

「御菓子司 東寺餅」是開設在以五重塔聞名的東寺旁，創立於大正元年（一九一二）的和菓子店。

「第一代從城崎到京都開店，因為旁邊就是東寺，於是恭借寺名來作為店名。」店主沼田友幸先生這麼說。雖然沒有光鮮亮麗的外觀，卻是能令人感受到歷史之美的一家店。店內擺滿許多每天手工現作的和菓子。

在第三代店主「想創造一款與店名相同商品」想法下創作的和菓子「東寺餅」，如今已是店內的招牌商品。東寺餅的特徵是形體小，帶有淡雅溫和的甜味，使用以最高級羽二重粉製成求肥外皮，裡面包的是口感滑順的豆沙。

店內另一項名產是在每月二十一日的「弘法市」上，於店頭現烤販售的「艾草大福」。

據說艾草麻糬可祛除邪氣，在艾草麻糬中包入滿滿顆粒紅豆餡的「艾草大福」是一款相當能滿足口腹之慾的甜點。平常販賣時不再重新烤過，只在「弘法市之日」時，懷著「希望讓顧客吃到一點溫暖的東西」的心意在店頭現烤販售。表皮烤出金黃的焦痕，香味四溢，裡面的麻糬依然柔軟Q彈，咬下一口，艾草的清爽香氣立刻在口中擴散。

令人懷念的古早味商品還有「亥之子餅」與「六方燒」等，無論哪一種都吃得出師傅誠心誠意，細心製作的精神。

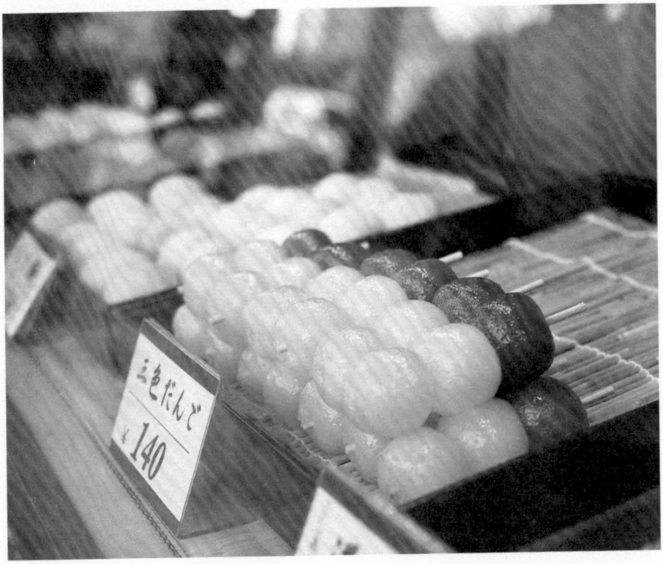

玻璃櫃裡也可看到「三色丸子」、「栗餅」等美味和菓子。

御菓子司 東寺餅
おかしつかさとうじもち

地址：京都市南区東寺東門前町 88
電話：075-671-7639
營業時間：7：00 ～ 19：00
公休日：每月 6、16、26 日（若遇週日及國定假日則正常營業）
地圖：P190-F7

MEMO

巻末地圖指南

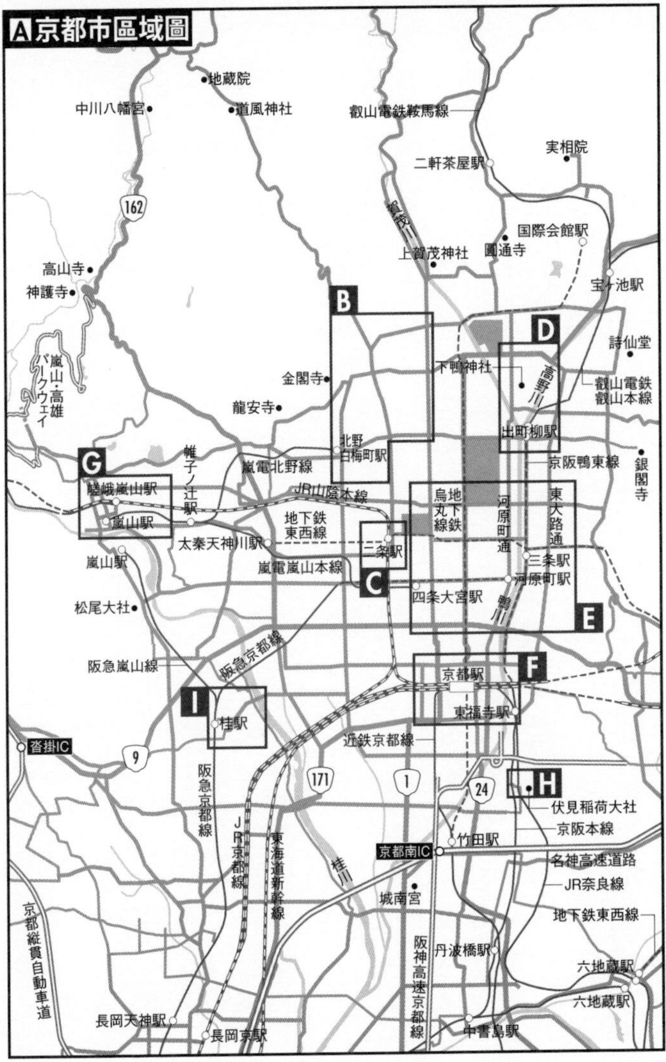
A京都市區域圖
地蔵院
中川八幡宮
道風神社
叡山電鉄鞍馬線
実相院
二軒茶屋駅
162
賀茂川
国際会館駅
上賀茂神社
圓通寺
高山寺
神護寺
宝ケ池駅
B
D
詩仙堂
嵐山・高雄パークウェイ
下鴨神社
高野川
叡山電鉄叡山本線
金閣寺
龍安寺
出町柳駅
北野白梅町駅
G
帷子ノ辻駅
嵐電北野線
京阪鴨東線
銀閣寺
嵯峨嵐山駅
JR山陰本線
烏丸線
地下鉄
河原町通
東大路通
嵐山駅
地下鉄東西線
太秦天神川駅
二条駅
三条駅
嵐山駅
嵐電嵐山本線
C
河原町駅
四条大宮駅
松尾大社
鴨川
E
阪急京都線
阪急嵐山線
京都駅
F
I
桂駅
東福寺駅
沓掛IC
9
近鉄京都線
171
1
24
H
伏見稲荷大社
阪急京都線
JR京都線
東海道新幹線
京阪本線
竹田駅
京都南IC
名神高速道路
桂川
JR奈良線
城南宮
地下鉄東西線
京都縦貫自動車道
阪神高速京都線
丹波橋駅
六地蔵駅
六地蔵駅
長岡天神駅
長岡京駅
中書島駅

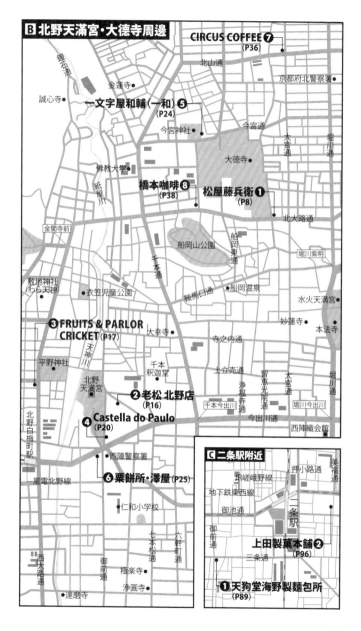

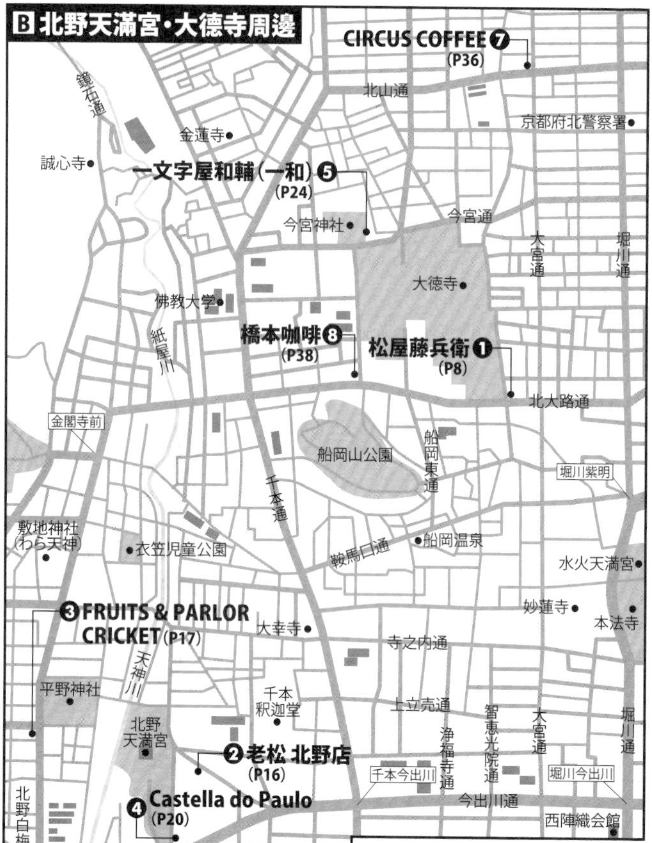
B 北野天滿宮・大德寺周邊
CIRCUS COFFEE 7 (P36)
北山通
京都府北警察署
鏡石通
金蓮寺
誠心寺
一文字屋和輔(一和) 5 (P24)
今宮神社
今宮通
大宮通
堀川通
大德寺
佛教大学
紙屋川
橋本咖啡 8 (P38)
松屋藤兵衛 1 (P8)
北大路通
金閣寺前
船岡東通
船岡山公園
堀川紫明
千本通
敷地神社(わら天神)
衣笠児童公園
鞍馬口通
船岡温泉
水火天満宮
妙蓮寺
本法寺
3 FRUITS & PARLOR CRICKET (P17)
大幸寺
寺之内通
天神川
平野神社
千本釈迦堂
上立売通
智恵光院通
浄福寺通
北野天満宮
2 老松 北野店 (P16)
千本今出川
堀川今出川
4 Castella do Paulo (P20)
今出川通
西陣織会館
北野白梅町駅
西陣警察署
嵐電北野線
6 粟餅所・澤屋 (P25)
仁和小学校
七本松通
六軒町通
西大路通
御前通
極楽寺
浄圓寺
達磨寺

C 二条駅附近
押小路通
美福通
JR嵯峨野線
地下鉄東西線
御池通
二条駅
御前通
上田製菓本舗 2 (P96)
三条通
1 天狗堂海野製麺包所 (P89)

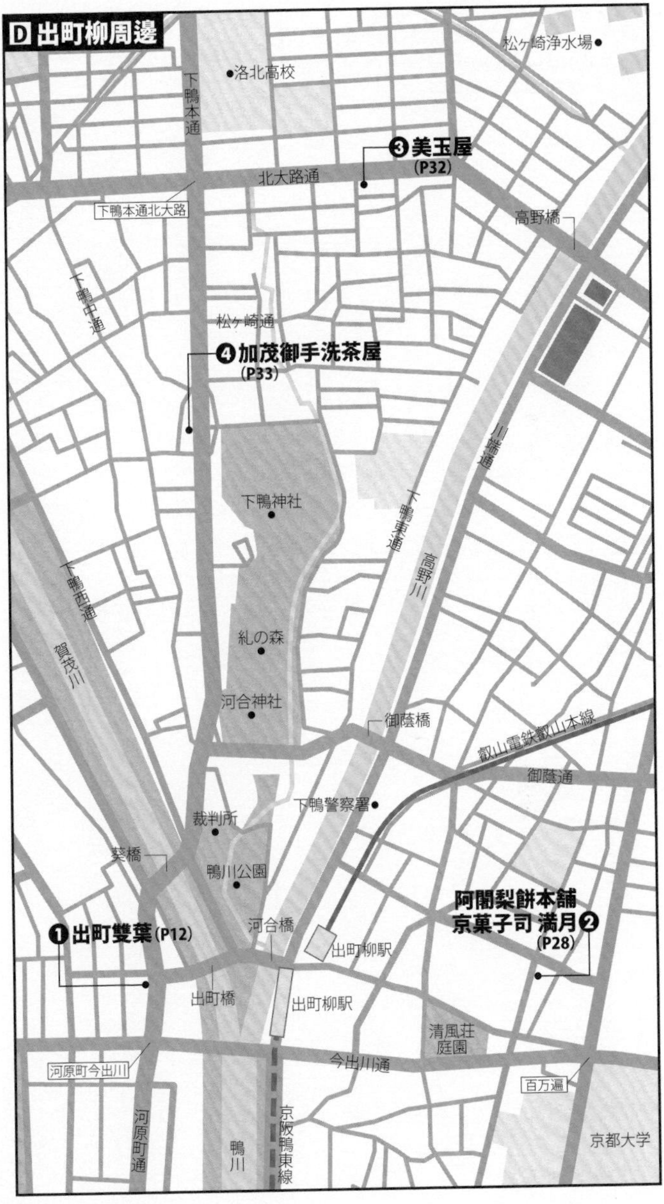
D 出町柳周邊
松ヶ崎浄水場
洛北高校
下鴨本通
❸美玉屋
(P32)
北大路通
下鴨本通北大路
高野橋
下鴨中通
松ヶ崎通
❹加茂御手洗茶屋
(P33)
川端通
下鴨神社
下鴨東通
高野川
下鴨西通
賀茂川
糺の森
河合神社
御蔭橋
叡山電鉄叡山本線
御蔭通
下鴨警察署
裁判所
葵橋
鴨川公園
阿闍梨餅本舗
京菓子司 満月❷
(P28)
❶出町雙葉(P12)
河合橋
出町柳駅
出町橋
出町柳駅
清風荘
庭園
今出川通
河原町今出川
百万遍
河原町通
鴨川
京阪鴨東線
京都大学

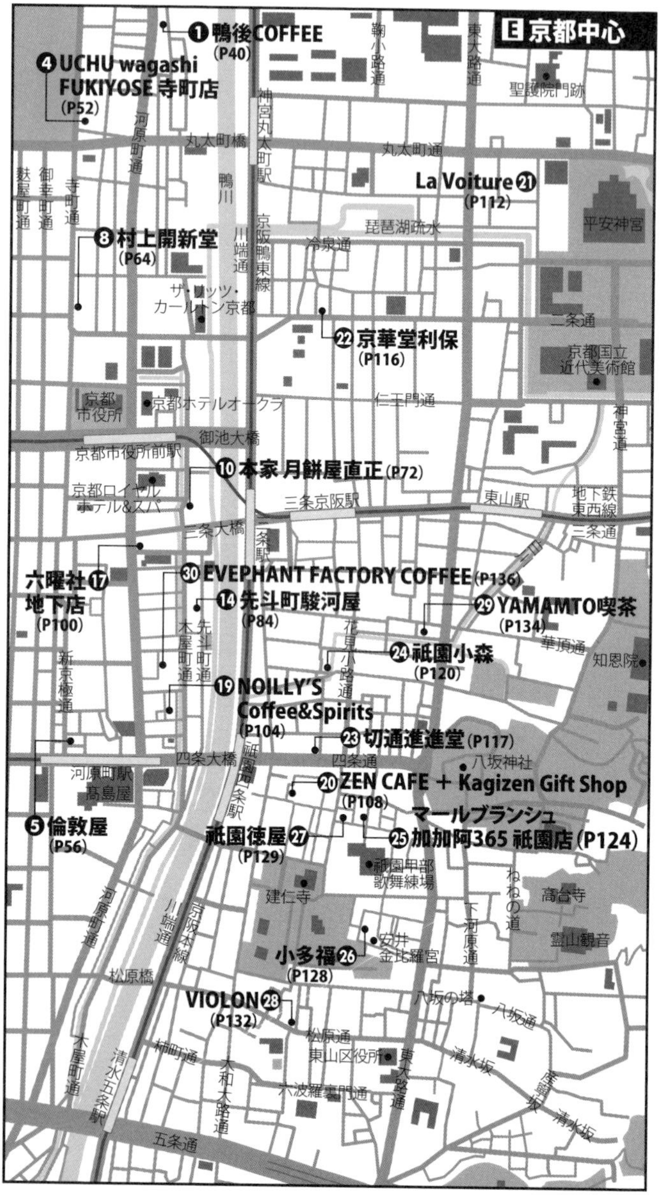

E 京都中心
❶鴨後COFFEE
(P40)
❹UCHU wagashi
FUKIYOSE 寺町店
(P52)
❽村上開新堂
(P64)
❿本家 月餅屋直正(P72)
⓱六曜社
地下店
(P100)
㉚EVEPHANT FACTORY COFFEE(P136)
⓮先斗町駿河屋
(P84)
⓳NOILLY'S
Coffee&Spirits
(P104)
❺倫敦屋
(P56)
La Voiture㉑
(P112)
㉒京華堂利保
(P116)
㉙YAMAMTO喫茶
(P134)
㉔祇園小森
(P120)
㉓切通進進堂(P117)
⑳ZEN CAFE + Kagizen Gift Shop
(P108)
マールブランシュ
㉕加加阿365 祇園店(P124)
祇園徳屋㉗
(P129)
小多福㉖
(P128)
VIOLON㉘
(P132)
鞍馬口通
東大路通
聖護院門跡
河原町通
丸太町橋
神宮丸太町駅
丸太町通
麩屋町通
御幸町通
寺町通
鴨川
京阪鴨東線
川端通
琵琶湖疏水
冷泉通
平安神宮
ザ・リッツ・
カールトン京都
二条通
京都国立
近代美術館
京都市役所
京都ホテルオークラ
仁王門通
神宮道
御池大橋
京都市役所前駅
京都ロイヤル
ホテル&スパ
三条京阪駅
東山駅
地下鉄
東西線
三条大橋
三条駅
三条通
木屋町通
先斗町通
花見小路通
新京極通
華頂通
知恩院
四条大橋
四条通
八坂神社
河原町駅
高島屋
祇園四条駅
祇園甲部
歌舞練場
建仁寺
ねねの道
高台寺
霊山観音
河原町通
川端通
京阪本線
安井
金比羅宮
下河原通
松原橋
八坂の塔
八坂通
松原通
東山区役所
東大路通
清水坂
産寧坂
木屋町通
清水五条駅
柿町通
大和大路通
六波羅蜜門通
五条通

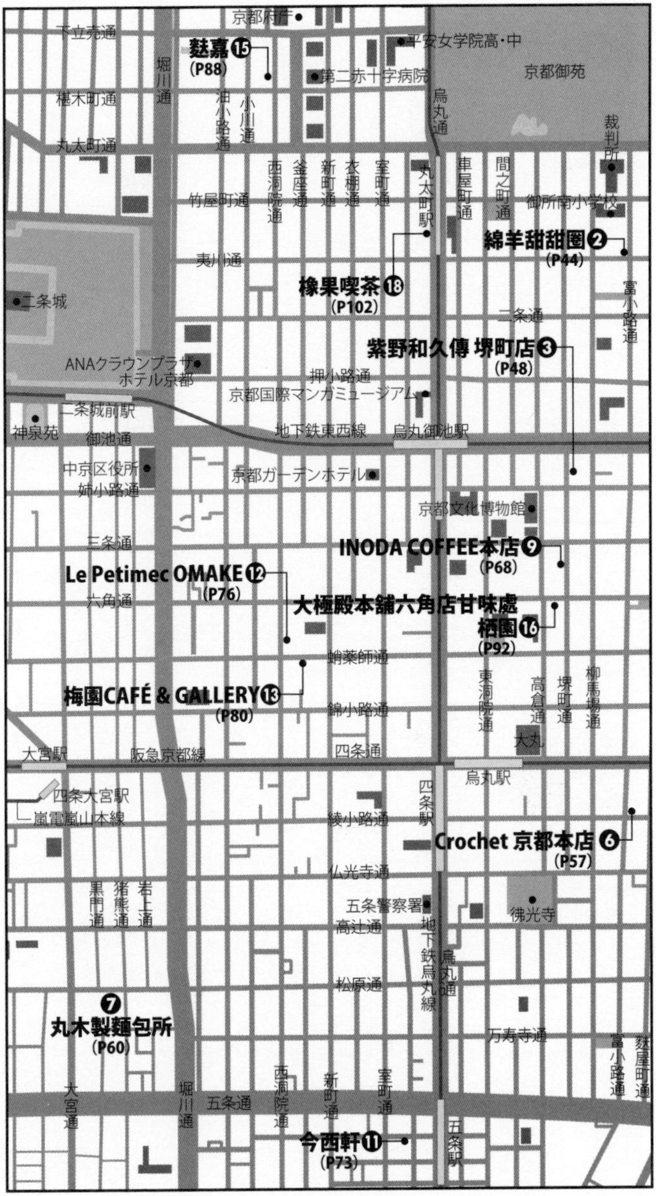
京都府庁
下立売通
麩嘉⑮
(P88)
平安女学院高・中
京都御苑
第二赤十字病院
堀川通
椹木町通
油小路通
小川通
烏丸通
裁判所
丸太町通
西洞院通
釜座通
新町通
衣棚通
室町通
丸太町駅
車屋町通
間之町通
竹屋町通
御所南小学校
綿羊甜甜圈②
(P44)
夷川通
橡果喫茶⑱
(P102)
富小路通
二条城
二条通
紫野和久傳 堺町店③
(P48)
ANAクラウンプラザ
ホテル京都
押小路通
京都国際マンガミュージアム
二条城前駅
神泉苑
御池通
地下鉄東西線
烏丸御池駅
中京区役所
京都ガーデンホテル
姉小路通
京都文化博物館
三条通
INODA COFFEE本店⑨
(P68)
Le Petimec OMAKE⑫
(P76)
六角通
大極殿本舗六角店甘味處
栖園⑯
(P92)
蛸薬師通
梅園CAFÉ & GALLERY⑬
(P80)
東洞院通
高倉通
堺町通
柳馬場通
錦小路通
大丸
大宮駅
阪急京都線
四条通
烏丸駅
四条大宮駅
嵐電嵐山本線
四条駅
綾小路通
Crochet 京都本店⑥
(P57)
仏光寺通
黒門通
猪熊通
岩上通
五条警察署
佛光寺
高辻通
地下鉄烏丸線
烏丸通
松原通
⑦
丸木製麵包所
(P60)
万寿寺通
富小路通
麩屋町通
大宮通
堀川通
五条通
西洞院通
新町通
室町通
今西軒⑪
(P73)
五条駅

F 京都駅周邊
西本願寺
大宮通
笹屋伊織❶
(P160)
東本願寺
烏丸通
中村藤吉❺
京都駅店
(P172)
渉成園
河原町通
京阪本線
川端通
七条通
七条駅
堀川通
JR嵯峨野線
ヨドバシカメラ
❸joie joue
(P168)
京都水族館
リーガロイヤルホテル京都
塩小路通
京都タワー
JR東海道本線(JR琵琶湖線)
京都センチュリーホテル
JR京都線
京都駅
鴨川
東海道新幹線
JR奈良線
新・都ホテル
八条通
アバンティ
御菓子司
東寺餅❼
(P180)
❷nikiniki á la gare
(P164)
イオンモール
地下鉄烏丸線
❹鶴屋吉信 IRODORI
(P169)
近鉄京都線
東寺駅
壬生通
東寺
❻SIZUYAPAN
(P176)
九条通
九条駅

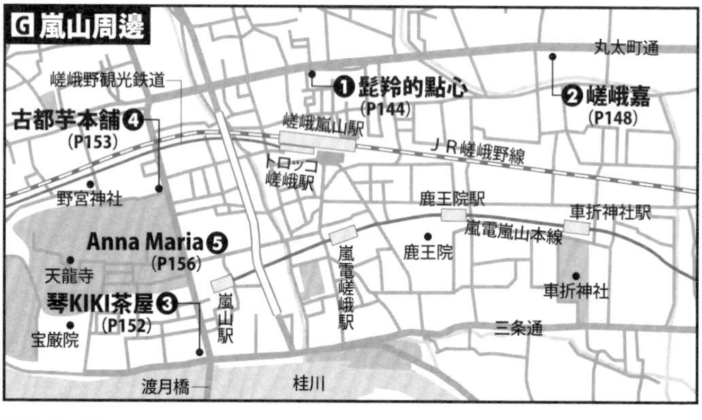
G 嵐山周邊
丸太町通
嵯峨野観光鉄道
❶髭鈴的點心
(P144)
❷嵯峨嘉
(P148)
古都芋本舗❹
(P153)
嵯峨嵐山駅
JR嵯峨野線
トロッコ嵯峨駅
野宮神社
鹿王院駅
車折神社駅
嵐電嵐山本線
Anna Maria❺
(P156)
鹿王院
嵐電嵯峨駅
天龍寺
車折神社
琴KIKI茶屋❸
(P152)
嵐山駅
宝厳院
三条通
渡月橋
桂川

I 桂駅周邊
阪急京都線
桂川
阪急嵐山線
桂離宮
桂橋
御菓子司 中村軒❶
(P140)
郵便局
旧山陰街道
桂駅
桂川街道

H 伏見稲荷神社周邊
伏見稲荷駅
JR奈良線
總本家稲荷屋❶
(P177)
本町通
伏見稲荷大社
師団街道
京阪本線
琵琶湖疏水
稲荷駅

寫在《京都幸福俱樂部》發行前

遠在建都於此之前，許多的人們早已來到這個城市定居，更遑論平安京時代。日後，即使時代更迭，從掌權者到眾多戰國武將仍以前進京都為目標。

時至今日，京都不僅吸引了前所未有的大量觀光客，移居京都者更是有增無減。

由古至今，從島內到海外，為何人們一心嚮往京都？

這裡有世界遺產，有廣為人知的寺廟神社，有代表歲時變化的三大祭典，更有許多美味的食物。

然而，光是這樣絕對吸引不了這麼多人前來。京都充滿的是肉眼看不見，耳朵聽不到的「幸福」空氣。正因親身感受了這樣的空氣，人們才紛紛來到此地。每個人來了之後，臉上都露出笑容。

歡迎來到幸福的城市京都。

二〇一五年九月

《京都幸福俱樂部》主編 **柏井壽**（作家）

生活文化 CVP0053

京都甜點之旅（京都おやつ旅）

監　　修—甲斐みのり
譯　　者—邱香凝
編　　輯—黃煜智
企　　畫—張燕宜

總 編 輯—余宜芳
發 行 人—趙政岷
出 版 者—時報文化出版企業股份有限公司
10803臺北市和平西路3段240號4樓
發行專線—（02）2306-6842
讀者服務專線—0800-231-705・（02）2304-7103
讀者服務傳真—（02）2304-6858
郵撥—19344724 時報文化出版公司
信箱—臺北郵政79～99信箱
時報悅讀網—http://www.readingtimes.com.tw
法律顧問—理律法律事務所　陳長文律師、李念祖律師
印　　刷—和楹彩色印刷有限公司
初版一刷—2018年2月
定　　價—新臺幣280元
（缺頁或破損的書，請寄回更換）

京都甜點之旅 / 甲斐みのり作；邱香凝譯. -- 初版.
-- 臺北市：時報文化, 2018.02
面；　公分

ISBN 978-957-13-7275-4(平裝)

1.糕餅業　2.飲料業　3.日本京都市

481.3　　106024317

ISBN 978-957-13-7275-4(平裝)
Printed in Taiwan

時報文化出版公司成立於一九七五年，
一九九九年股票上櫃公開發行，二〇〇八年脫離中時集團非屬旺中，
以「尊重智慧與創意的文化事業」為信念。